Lothar J. Seiwert
Holger Wöltje
Wolfgang Maison

30 Minuten

Zeitmanagement mit iPhone

2. Auflage

Bibliografische Information Der Deutschen Bibliothek

Die Deutsche Bibliothek verzeichnet diese Publikation in der Deutschen Nationalbibliografie; detaillierte bibliografische Daten sind im Internet über http://dnb.ddb.de abrufbar.

Wird empfohlen von

N24

Umschlag und Layout: die imprimatur, Hainburg
Lektorat: Friederike Mannsperger, Offenbach
Satz: Zerosoft, Timisoara, Rumänien
Druck und Verarbeitung: Salzland Druck, Staßfurt

2. Auflage 2010

Titelbild: iPhone 3GS
Mit freundlicher Genehmigung von Apple

Hinweis:
Das Buch ist sorgfältig erarbeitet worden. Dennoch erfolgen alle Angaben ohne Gewähr. Weder Autor noch Verlag können für eventuelle Nachteile oder Schäden, die aus den im Buch gemachten Hinweisen resultieren, eine Haftung übernehmen.

Printed in Germany

978-3-86936-030-0

In 30 Minuten wissen Sie mehr!

Dieses Buch ist so konzipiert, dass Sie in kurzer Zeit prägnante und fundierte Informationen aufnehmen können. Mithilfe eines Leitsystems werden Sie durch das Buch geführt. Es erlaubt Ihnen, innerhalb Ihres persönlichen Zeitkontingents (von 10 bis 30 Minuten) das Wesentliche zu erfassen.

Kurze Lesezeit
In 30 Minuten können Sie das ganze Buch lesen. Wenn Sie weniger Zeit haben, lesen Sie gezielt nur die Stellen, die für Sie wichtige Informationen beinhalten.

- Alle wichtigen Informationen sind blau gedruckt.

- Schlüsselfragen mit Seitenverweisen zu Beginn eines jeden Kapitels erlauben eine schnelle Orientierung: Sie blättern direkt auf die Seite, die Ihre Wissenslücke schließt.

- *Zahlreiche Zusammenfassungen innerhalb der Kapitel erlauben das schnelle Querlesen. Sie sind blau gedruckt und zusätzlich durch ein Uhrsymbol gekennzeichnet, sodass sie leicht zu finden sind.*

Inhalt

Softlinks: Um Ihnen das Abtippen langer Web-Adressen zu ersparen, Ihnen das Öffnen empfohlener Links schnell und einfach zu machen und die Informationen sowie Links aus diesem Buch für Sie stets aktuell zu halten, verweisen wir an einigen Stellen auf Softlinks, z. B. „Softlink 007". Öffnen Sie dann einfach die Seite **www.zeit-im-griff.de/iphone-link**

Test: Wie gut kennen Sie Ihr iPhone?

Wenn Sie eine Antwort nicht wissen, lassen Sie die Frage bitte aus – falsche Antworten geben Punktabzug. Antworten Sie bitte auswendig, ohne zu probieren – legen Sie Ihr iPhone zur Seite!

1.) Der Akku ist leer. Wie können Sie im Notfall noch telefonieren?

a) Einen vollen Zweitakku einlegen

b) Gar nicht – der Akku lässt sich nicht wechseln

c) Ich halte Aus-Schalter + Home-Taste gleichzeitig > 20 Sekunden gedrückt. Das aktiviert für ca. 3 Min. die Notfall-Reservekapazität des Akkus

2.) Wie geben Sie Umlaute („ä") ein?

a) Ich drücke einfach 3x schnell hintereinander „a"

b) Englisch wird sowieso bald Standard, bis dahin muss man „ae" schreiben

c) Ich halte die Taste „a" gedrückt, bis über der Taste ein Sonderzeichenmenü erscheint und ziehe meinen Finger auf „ä", wobei ich ständig den Kontakt zum Bildschirm halte bis ich dort angekommen bin

3.) Wie zeigen Sie in der iPhone-Aufgabenliste nur alle heute fälligen Aufgaben für ein Projekt an?

a) Ich lege das Projekt als Kategorie an und wähle im Menü den Befehl *Filter, Kategorie, Projekt X* und *Filter, Neu, Heute*

b) Das iPhone hat keine Aufgabenliste

c) Mit dem vorinstallierten Programm *Projektassistent*

4.) Wie weisen Sie Terminen verschiedene Farben zu?

a) Ich öffne den Termin und wähle die Farbe

b) Ich lege in iCal/Outlook mehrere Kalenderordner an, die das iPhone überlagert anzeigt. Der Ordner bestimmt die Farbe der Termine

c) Ich wische mit dem Finger nach rechts über den Termin, um zwischen 7 möglichen Farben zu wechseln

d) Das iPhone zeigt alle Termine in der gleichen Farbe

5.) Wie zeigen Sie die aktuelle Kalenderwoche an?

a) Zur Monatsansicht wechseln (KW rechts am Rand)

b) Kalender öffnen und das iPhone schütteln

c) Man findet KWs nur in der Tagesansicht (oben links)

d) Das geht nur mit Zusatzprogrammen, z. B. KalWoche

6.) Wie löschen Sie mehrere Mails auf einmal?

a) Geht nicht, man muss jede Mail einzeln löschen

b) Mit der Schaltfläche *Bearbeiten*, dann die Mails jeweils antippen und danach auf *Löschen* tippen

c) Finger über alle zu löschenden Mails streifen und dann Papierkorb-Icon auf die markierten Mails ziehen

7.)Was kostet die iPhone-Nutzung im Ausland?

a) Das können schon ohne Telefonate für zwei Wochen normale Nutzung über 300 Euro werden, so dass man das Datenroaming in manchen Ländern besser deaktiviert

b) Bei T-Mobile ist für ganz Europa die Datenflatrate inklusive. Für Telefonate fällt ein Roamingzuschlag an

c) Per EU-Gesetz wird seit Juni 2008 der Aufpreis für europäisches Datenroaming auf 50 Euro pro Woche begrenzt und für Telefonate auf 80 Cent pro Minute

8.) Wie starten Sie Telefonkonferenzen vom iPhone?
a) Per Festnetztelefon starten und iPhone auf Freisprechen davor halten, um weitere Person einzubinden
b) Von externem Konferenz-Dienst anrufen lassen
c) Anruf starten, *Anruf hinzufügen* antippen, *Konferenz*

9.) Wie sichern Sie unterwegs neue Termine/Adressen?
a) MobileMe/Exchange mit Direct-Push verwenden: Bei aktiver Internetverbindung kopiert das iPhone dann eingegebene Termine sofort auf den Server
b) Über das Systemprogramm *Backup*
c) Man kann nur per Kabel am Mac/PC sichern

10.) Das iPhone reagiert nach dem Absturz eines Zusatzprogramms gar nicht mehr, auch nicht auf Gedrückthalten des Ein-/Aus-Schalters. Was hilft?
a) Start-Taste 10 Sek. gedrückt halten hilft immer
b) Laut schreien und heftig auf den Boden stampfen – das hilft zumindest mir
c) Den Akku > 20 Sek. herausnehmen (Hard-Reset).
d) Zuerst den Akku laden. Wenn das nicht hilft: Die komplizierte Mehrschritt-Prozedur zum Zurücksetzen auf Werkseinstellungen (siehe Seite 77) starten
e) Abwarten, Tee trinken und wieder mit Papier arbeiten

Lösungen (jede falsche Antwort = 1 Punkt Abzug):
Die Lösungen sind auf dem Stand von Juni 2009. Ggf. aktualisierte Lösungen finden Sie unter *www.zeit-im-griff.de/iPhone-test*

1 b: b = 4 Punkte, a und c je –1 Punkt
2 c: c = 4 Punkte, a = –1 Punkt, b = 1 Punkt
3 b: b = 4 Punkte, a und c je –1 Punkt
4 b: b = 4 Punkte, a, c und d geben –1 Punkt
5 d: d = 4 Punkte, a–c geben je –1 Punkt
6 b: b = 4 Punkte, a = 1 Punkt, c = –1 Punkt

7 a: a = 4 Punkte, b und c je –1 Punkt
8 c: c = 4 Punkte, a und b je noch 1 Punkt
9 a: a = 4 Punkte, b = –1 Punkt, c = –1 Punkt
10 d: d = 4 Punkte, b, e = je 1 Punkt, a, c = je –1 Punkt

Auswertung:
> 40: Erwischt! Sie haben geschummelt oder sich verzählt!
0 – 13 Punkte: Sie sind ein iPhone-Einsteiger – herzlich willkommen! Laden Sie am besten noch das Schnellstart-Handbuch herunter, das Ihnen die Grundlagen erklärt (Softlink 001). Dieses Buch bietet Ihnen darauf aufbauend viele praktische Starthilfen, um sich mit Ihrem elektronischen Begleiter perfekt zu organisieren.
14 – 29 Punkte: Sie sind mit den Grundlagen der Bedienung bereits vertraut. Dieses Buch kommt genau richtig für Sie: Es hilft Ihnen, sich mit dem iPhone noch einfacher und besser elektronisch zu organisieren.
30 – 36 Punkte: Sie kennen sich bereits gut aus und wissen mehr als der Durchschnittsanwender (oder haben mit viel Glück geraten ;-)). Glückwunsch dazu und zu diesem Buch – hier finden Sie weitere praktische Tipps und Tricks. Außerdem lernen Sie, wie Sie konsequent Ihre Aufgaben auf dem iPhone verwalten und effizienter planen.
37 – 40 Punkte: Gratulation! Sie sind iPhone-Profi! Mehr Zeit für sich gewinnen Sie, wenn Sie Ihren nicht so erfahrenen Kollegen jeweils ein Exemplar dieses Buches schenken – dann werden Sie nicht so häufig um Rat zum iPhone gefragt und können sich mehr auf Ihre Arbeit oder App-Store-Bummeln konzentrieren. Sie lernen in diesem Buch nun zusätzlich, wie Sie Ihren Tag und Ihre Woche effektiv planen und das iPhone zum professionellen Zeitmanagement-Tool machen!

1. Zeitsparend arbeiten mit dem iPhone – so werden Sie effizienter

Wie hören Sie bei fünf neuen Anrufen auf der Mobilbox den wichtigsten von Ihrer Tochter zuerst ab, auch wenn er der fünfte ist?
Seite 18

Wie berufen Sie vom iPhone einfach und zeitsparend Telefonkonferenzen ein?
Seite 19

Wie signalisieren Sie nur Anrufe von Ihrem Chef/Ihrer Sekretärin, während alle anderen Anrufe auf stumm geschaltet sind?
Seite 23

Apple hat das in den ersten zwei Jahren nach seiner Markteinführung weltweit bereits 30 Millionen mal verkaufte iPhone weitgehend frei von langen Befehlslisten und Menüs gehalten (außer im Programm *Einstellungen*). Die meisten Aktionen und Befehle führen Sie durch eine Fingergeste oder einfaches Tippen direkt ins Bild aus. Dadurch übersehen viele Nutzer manche praktischen Funktionen – gerade wenn sie nur in bestimmten Situationen sichtbar/anwählbar sind oder wenn kein Menüeintrag und keine Schaltfläche vorhanden sind, die auf ihre Existenz hinweisen. Wir zeigen Ihnen neben solchen zeitsparenden Funktionen wie z. B. Telefonkonferenzen auch praktische Einsatzbeispiele für scheinbar triviale Programme, die sich lohnen.

1.1 Pfiffige Tipps zur schnellen Bedienung

Wenn Sie sich gerade ein neues iPhone zugelegt und die ersten Schritte der Handhabung noch vor sich haben, empfehlen wir Ihnen zum Einstieg Softlink 001. Wir gehen davon aus, dass Sie bereits mit der Grundbedienung Ihres iPhone vertraut sind (z. B. Ersteinrichtung, Aktivierung, im Internet surfen, Kontakte/Telefonnummern speichern, Texte eingeben) und zeigen Ihnen darauf aufbauend im ersten Kapitel dieses Buches nun die wichtigsten Tipps & Tricks, um Ihr iPhone noch schneller zu bedienen und im Alltag effizienter zu arbeiten. Wir beginnen mit dem zeitsparenden Bearbeiten von Text, der systemweiten Suche und dem Ordnen Ihrer Anwendungen nach Ihren Prioritäten.

Die Lupe

Sie haben sich vertippt, ein Leerzeichen vergessen oder beim Ruckeln des fahrenden Zuges ein Zeichen zu viel eingegeben? Halten Sie einfach Ihren Finger für ca. eine Sekunde in der Nähe des zu korrigierenden Textes auf den Bildschirm gedrückt. Das iPhone zeigt nun an dieser Stelle eine Lupe an – halten Sie Ihren Finger weiter ständig auf den Bildschirm gedrückt und ziehen Sie ihn dabei in eine beliebige Richtung, um die blinkende Eingabemarke im Text zu bewegen. Sobald Sie den Finger vom Bildschirm heben, können Sie mit den Tasten nun genau an dieser Position weiterschreiben bzw. ein Zeichen löschen.

Markieren, Kopieren/Ausschneiden und Einsetzen

Tippen Sie in dem Eingabefeld mit einem Finger kurz an die Position, an der sich die Eingabemarke bereits befindet. Das iPhone blendet jetzt die Schaltflächen *Auswählen, Alles* und *Einsetzen* ein (*Einsetzen* nur, falls sich der Text in der Zwischenablage befindet). Tippen Sie auf *Auswählen*, um das Wort neben der Eingabemarke zu markieren. Halten Sie den Finger auf einen der nun eingeblendeten blauen Balken am Anfang/ Ende des Wortes gedrückt und ziehen Sie ihn nach links/rechts (bzw. oben/unten für mehrere Zeilen) über den Schirm, um die Markierung auf mehrere Worte/Sätze auszudehnen oder wieder zu verkleinern. Sobald Sie den Finger vom Schirm heben, können Sie den Text *Ausschneiden,* in die Zwischenablage *Kopieren* oder dort befindlichen Text anstelle des markierten Textes *Einsetzen* (=Überschreiben).

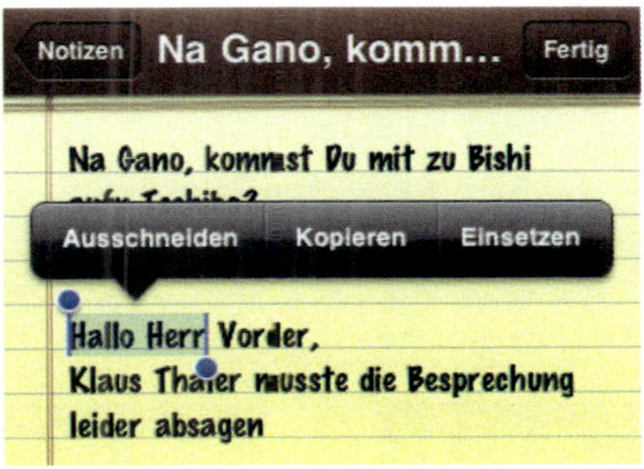

Achtung! *Ausschneiden* ist etwas anderes als (der nicht vorhandene Befehl) löschen. *Ausschneiden* kopiert den markierten Text in die Zwischenablage und löscht ihn dann an der aktuellen Position. Sie überschreiben damit bereits in die Zwischenablage kopierten Text – sehr ärgerlich, falls Sie damit einen Text löschen, den Sie behalten wollten. Wenn Sie Text einfach nur löschen und dabei den Inhalt Ihrer Zwischenablage behalten möchten, markieren Sie den zu löschenden Text und drücken dann einfach die Leertaste bzw. die Löschen-Taste.

Programme zeitsparend anordnen

Drücken Sie die Home-Taste, um zur Startseite mit allen Programmen des iPhone zu gelangen. Wenn Sie weitere Programme aus dem App Store installieren (eine Liste mit unseren Top-Empfehlungen finden Sie in Kapitel 5),

tummeln sich hier schnell etliche Anwendungen, sodass Sie des Öfteren suchen und blättern müssen (mit dem Finger von rechts nach links über den Bildschirm wischen, um nach rechts in der Liste der Anwendungen zu blättern). Um stattdessen Ihre wichtigsten Programme immer schnell im Zugriff zu haben, ordnen Sie sie einfach direkt auf der Startseite nach Priorität an und verschieben selten/nie genutzte Programme (z. B. Aktien) auf die hinteren Seiten. Halten Sie dazu einen Finger auf das zu verschiebende Programmsymbol gedrückt, bis alle Symbole anfangen zu wackeln. Jetzt ziehen Sie das Symbol an die neue Position (an den seitlichen Bildschirmrand ziehen, um es auf eine andere Seite zu legen).
Drücken Sie die Home-Taste, um das Verschieben zu beenden und zu speichern.

Ganz unten sind vier Anwendungen grau hinterlegt – zum blitzschnellen Öffnen besonders gut und auf jeder Seite zu sehen sowie nah an der Home-Taste. Wenn Sie ein Programm hierher ziehen wollen, können Sie es nicht ablegen. Doch wenn Sie vorher eines der vorhandenen Symbole aus der Leiste herausziehen (z. B. iPod, weil Ihnen der Kalender wichtiger ist), können Sie eines Ihrer Lieblingsprogramme danach an die frei gewordene Blitzstart-Position verschieben.

Blitzschnelles Finden mit der systemweiten Suche
Die Startseite zeigt Ihnen über der Blitzstart-Leiste ganz kleine graue Punkte, die die aktuelle Seite anzeigen (vier graue Punkte entsprechen also vier Seiten mit Programmen). Der hellgraue Punkt zeigt an, auf welcher Seite Sie sich gerade befinden. Wenn Sie ganz genau hinsehen, erkennen Sie ganz rechts ein klitzekleines graues Lupensymbol neben den Punkten. Wenn es sich direkt neben dem hellgrauen Punkt befindet, bringt Sie eine Wischbewegung nach rechts (von der Lupe weg) zur systemweiten Suche. Beginnen Sie jetzt einfach zu tippen, das iPhone zeigt sofort passende Treffer an (bei „Na“ zum Beispiel „Nachrichten“, „Nadja Maier“ und die E-Mail „Na Gano, …“). Tippen Sie eines der gefundenen Elemente an, um es zu öffnen (oder wischen Sie nach links, um wieder zur Programmliste zu gelangen).

Wenn Sie bestimmte Sätze häufiger in E-Mails auf dem iPhone schreiben (z. B. „Sie erreichen mich täglich von 08:00 bis 12:00“), legen Sie sich einen Notizzettel mit Textbausteinen an: Schreiben Sie die Textbausteine jeweils mit einer Leerzeile getrennt in die Notiz, wechseln Sie vom Schreiben der Mail in die Notiz, kopieren Sie den Text, wechseln Sie zurück zu den Mails und fügen Sie ihn ein. Wenn Sie das ein paar Mal üben, geht es blitzschnell und ist viel angenehmer als langes Tippen.

1.2 Wecker, Count-down für Präsentationen, Stoppuhr

Haben Sie beim Ausprobieren Ihres iPhone gedacht: „Uhr? Wie langweilig, das Programm brauche ich gar nicht erst zu öffnen“? Weit gefehlt – diese kleine, unscheinbare Anwendung macht sich im Alltag an mehreren Stellen sehr nützlich. Öffnen Sie die Uhr von der Startseite, und wir erkunden ihre Funktionen!

Zeitzonen im Blick – die Weltuhr

Sie sind im Urlaub in Neuseeland, haben Kunden in den USA oder inzwischen nach Japan ausgewanderte Schulfreunde? Klicken Sie auf das Plus-Symbol oben rechts, um die entsprechenden Zeitzonen hinzuzufügen. Klicken Sie oben links auf *Bearbeiten*, um danach mit dem roten Minus-Symbol links vor einer Stadt diese Zeitzone auszublenden oder Ihren Finger auf die drei grauen Striche rechts neben einer Uhr gedrückt zu halten, um sie nach oben/unten zu verschieben.

Rechtzeitig alarmiert – der Wecker

Tippen Sie in der Symbolleiste am unteren Bildschirmrand auf *Wecker*, um Alarme festzulegen. Sie sehen eine Liste der bereits aktivierten Alarme (sobald Sie mindestens einen eingetragen haben) und können diese mit dem kleinen Schiebeschalter rechts neben einem Alarm schnell einzeln (de-)aktivieren. So schalten Sie z. B. an Feiertagen und im Urlaub bestimmte Alarme kurzfristig ab, um Sie am nächsten Arbeitstag mit nur einer Fingergeste wieder zu aktiveren, ohne alles neu eingeben zu müssen. Mit *Bearbeiten* (oben links) können Sie einen bestehenden Alarm löschen (auf das rote Minus-Symbol tippen, dann auf *Fertig*) oder editieren (kurz in der Bearbeiten-Liste antippen).

Tippen Sie auf das kleine Plus-Symbol oben rechts, um einen neuen Alarm hinzuzufügen. Im daraufhin geöffneten Menü legen Sie durch Tippen auf *Wiederholen* die gewünschten Tage fest, an denen das iPhone Sie zur in der unteren Bildschirmhälfte eingestellten Uhrzeit erinnern soll, wählen einen *Ton* für den Alarm und zeigen mit *Schlummern* eine gleichnamige Schaltfläche im Alarmfenster an, die ihn nach zehn Minuten erneut erklingen lässt. Tippen Sie auf *Beschreibung*, um bei mehreren Alarmen (z. B. „Losfahren zur Arbeit", „Mittagspause nicht vergessen", „Telefon aus ab 17:00 Uhr zum Arbeiten in Ruhe") den Überblick zu behalten. Speichern Sie zuletzt den Alarm mit *Sichern* (oben rechts). Sobald mindestens ein Alarm aktiv ist, sehen Sie ein kleines Wecker-Symbol links neben der Ladestandsanzeige (Batterie-Symbol rechts oben am Bildschirmrand).

Timer – wie viel Zeit bleibt noch?

Egal ob Sie maximal 20 Minuten für eine Bühnenpräsentation haben oder die Zeit für ein Kochrezept im Auge behalten wollen: Klicken Sie in der Symbolleiste auf *Timer*, wählen Sie die gewünschte Zeit und ggf. mit *Timer-Ende* einen anderen Signalton, und tippen Sie auf *Starten*. Auch wenn Sie zwischenzeitlich andere Programme auf dem iPhone benutzen oder es automatisch den Bildschirm abschaltet, läuft der Timer weiter.

Zeit messen mit der Stoppuhr

Klicken Sie auf *Stoppuhr* und *Starten*. Mit einer passenden Armtasche (Softlink 002) begleitet das iPhone Sie auch im Fitness-Studio als Stoppuhr (auf *Runde* tippen, um z. B. die Zeit für einen Gerätesatz zu speichern und später mit der zweiten *Runde* zu vergleichen).

Auch die Stoppuhr läuft weiter, wenn Sie das Programm verlassen. Nebenher genießen Sie mit dem iPhone beim Sport so noch Ihre Lieblingsmusik, Hörbücher oder die gesprochene Version der "New York Times" als Tageszeitung und Englisch-Training in einem (Softlink 003).

Das iPhone haben Sie immer dabei – messen Sie mit der Stoppuhr einmal die Zeit zum Schreiben eines typischen Angebots oder einer „kurzen Antwort-Mail". Wenn Sie statt der erwarteten drei Minuten real 28 Minuten brauchen, lohnt es sich ggf., hier Textvorlagen für typische Fragen zu erstellen. Das Protokollieren des realen Zeitbedarfs ist ein wichtiger Schritt für gutes Zeitmanagement, um Zeitfresser und Optimierungsmöglichkeiten zu erkennen.

1.3 Zeitsparende Telefon-Tipps

Früher mussten Sie bei fünf neuen Nachrichten zuerst die ersten vier abrufen, bevor Sie die fünfte hören konnten – auch wenn die der wichtigste Anruf von Ihrer Tochter oder Ihrer Projektleiterin war. Mit dem iPhone geht das wesentlich effizienter.

Mobilbox nach Priorität abhören – Visual Voicemail

Tippen Sie auf der Startseite auf das Programm *Telefon* und dort in der Symbolleiste auf *Voicemail* (eine rote Zahl neben dem Symbol zeigt, wie viele neue Nachrichten vorliegen, wenn Sie noch nicht alle abgehört haben).

Sobald Sie Ihre Mobilbox eingerichtet haben, sehen Sie hier die Liste der Anrufer mit Uhrzeit/Datum des Anrufs.

Voraussetzung ist lediglich, dass der Anrufer seine Nummer mit übermittelt hat und Sie diese Nummer in Ihren Kontakten gespeichert haben – eine unbekannte Nummer speichern Sie durch Tippen auf den rechts daneben befindlichen blauen Pfeil in Ihren Kontakten.

Tippen Sie auf den entsprechenden Namen, um sofort diese Nachricht abzuhören (der blaue Pfeil rechts daneben öffnet den Kontakteintrag, z. B. wenn der Anrufer vom Bürotelefon aus angerufen hat und Sie nach 15:00 Uhr auf dem Handy zurückrufen und diese Nummer nachschlagen möchten). Während die Wiedergabe läuft, sehen Sie links neben dem Anrufernamen ein kleines Pausen-Symbol (antippen zum Stoppen), zwei Schaltflächen zum *Löschen* der Nachricht und zum Zurückrufen (*Anrufen*) sowie direkt über den Schaltflächen eine kleine blaue Leiste, die die bisher verstrichene/noch verbleibende Zeit für die Wiedergabe der Nachricht zeigt. Bewegen Sie das runde Symbol in der Leiste, um eine beliebige Stelle zu wiederholen/anzuspringen.

Telefonkonferenzen

Rufen Sie den ersten Teilnehmer an und tippen Sie auf *Anruf hinzufügen* (der ist jetzt auf *Halten* geschaltet). Wählen Sie die zweite Nummer (über die Symbolleiste können Sie zwischen Ihren *Kontakten* und dem *Ziffernblock* zum Wählen nicht gespeicherter Nummern wechseln). Sobald die zweite Person Ihren Anruf beantwortet, tippen Sie auf die Schaltfläche *Konferenz* (wird beim Hinzufügen des zweiten Anrufs eingeblendet und erst aktiviert, nachdem der Teilnehmer geantwortet hat). Sie können nun erneut einen *Anruf hinzufügen.*

Im oberen Bereich des Bildschirms sehen Sie jetzt die an der Konferenz teilnehmenden Kontakte (sofern auf dem iPhone gespeichert) bzw. Telefonnummern. Tippen Sie auf den rechts daneben angezeigten Pfeil nach rechts, um eine Liste der einzelnen Konferenzteilnehmer zu sehen und bei Bedarf einzelne von ihnen mit Tippen auf den roten Hörer links neben Namen/Nummer aus der Konferenz zu entfernen (danach noch einmal auf *Beenden* tippen, was zur Sicherheit anstelle des roten Hörers zur Bestätigung eingeblendet wird).

Alternativ können Sie mehrere eingehende Anrufe zusammenschalten: Sie rufen Sie erste Person an bzw. nehmen einen Anruf entgegen. Jetzt ruft die zweite Person Sie an – tippen Sie auf die dabei eingeblendete Schaltfläche *Halten + Neuer Anruf* und danach auf *Konferenz*, sodass sich alle Teilnehmer gegenseitig hören. Um weitere Anrufer zu sehen und annehmen zu können, während Sie bereits ein Gespräch führen, muss jedoch zuerst das Anklopfen aktiviert sein. Holen Sie dies bei Bedarf mit dem Programm *Einstellungen* durch Tippen auf *Telefon, Anklopfen/Makeln* und Aktivieren des Schiebereglers nach (weißes I in blauem Rechteck = aktiv).

Während Sie telefonieren, können Sie eine Notiz mitschreiben, den anderen die Telefonnummer einer Person aus Ihren Kontakten diktieren, Ihre aktuelle Position mit Namen der Straßenkreuzung aus der Karten-Anwendung an die Taxizentrale durchgeben und alle weiteren iPhone-Programme nutzen. Drücken Sie einfach die Home-Taste, während Sie telefonieren, das Gespräch läuft weiter. Am oberen Bildschirmrand sehen Sie eine grüne Leiste, um zur Anrufsteuerung zurückzukehren.

1.4 Sicherheit und Stille Stunden

Sorgen Sie dafür, dass Sie in Ruhe arbeiten können und dass Unbefugte Ihre Daten nicht lesen können, falls Sie das iPhone einmal verlieren sollten.

So stellen Sie den Passwortschutz ein

Öffnen Sie auf Ihrer Startseite das Programm *Einstellungen* und wählen Sie die Untermenüs *Allgemein* sowie *Code-Sperre*. Wenn Sie noch keinen Geräte-Sicherheitscode eingegeben haben, müssen Sie an dieser Stelle einen vierstelligen *Code festlegen*. Stellen Sie unter *Code anfordern* die Zeit nach dem Ausschalten des iPhone ein, nach der es sich nur per Code wieder entsperren lässt (*sofort* bietet höhere Sicherheit, *nach 4 Stunden* bietet Ihnen mehr Komfort, da Sie sonst für jede Termineingabe und zum Tätigen eines Anrufes jedes Mal den Code eingeben müssten, wenn das iPhone vorher per automatischer Sperre ausgeschaltet war). *Daten löschen* löscht nach zehn falschen Code-Eingabeversuchen alle Ihre Daten, damit niemand durch Ausprobieren den Code herausbekommt. *Code deaktivieren* entfernt die Sperre wieder, falls sie Ihnen doch zu nervig wird.

Die Code-Sperre des iPhone schützt Ihre Daten vor neugierigen Kollegen und technisch unbewanderten Taschendieben. Vor Technikprofis sind Ihre Daten damit jedoch keineswegs geschützt und verschlüsselt werden sie auch nicht!

Stille Stunden – Alarme aus

Oben an der linken Seite des iPhone finden Sie einen mechanischen Kippschalter, um es stumm zu schalten. Wenn Sie den Schalter umlegen, sehen Sie eine Glocke für aktive Töne bzw. eine durchgestrichene Glocke für die Stummschaltung. Normalerweise ist dann der Vibrationsalarm aktiv – in einer ruhigen Umgebung kann jedoch auch dieser Alarm relativ laut wirken, wenn das iPhone auf dem Tisch liegt. Öffnen Sie von Ihrer Startseite das Programm *Einstellungen* und wählen Sie das Menü *Töne*, um im Bereich *Lautlos* das *Vibrieren* für die Stummschaltung zu (de)aktivieren. Im Bereich *Klingeln* können Sie das *Vibrieren* auch bei aktiven Klingeltönen zuschalten und den nervigen Alarm für jede *neue E-Mail* sowie den absolut nervigen Ton für *Tastaturanschläge* (ganz unten in der Liste) abschalten.

Vorsicht! Auch wenn Sie das iPhone mit dem Schalter auf lautlos stellen, ertönt ein per Wecker (Kapitel 1.2) eingestellter Alarm mit akustischem Signal (Kalender-Alarme hingegen sind stumm). Schauen Sie also nach, ob neben dem Batterie-Symbol ein Wecker-Symbol zu sehen ist und prüfen Sie dann die eingestellten Weckerzeiten, wenn Sie im Meeting ein wirklich stummes iPhone wollen.

Ersatz für Profile – Klingeln nur für VIPs

Im Gegensatz zu anderen Smartphones kennt das iPhone keine Profile. Sie können zwar verschiedene Klingeltöne wählen, aber nicht z. B. den Ton allgemein auf stumm stellen und bestimmte Anrufer trotzdem signalisieren. Doch mit einem Trick simulieren Sie genau das, damit z. B. nur noch Anrufe von Ihrer Chefin klingeln: Installieren Sie unseren stummen Klingelton (Softlink 004). Weisen Sie VIP-Anrufern wie Ihrer Chefin in den Kontakten einen anderen Klingelton als den Klingelton *Standard* zu (Kontakt öffnen, *Bearbeiten*, auf *Klingelton* tippen). Wenn Sie jetzt Ihre Ruhe haben wollen, wählen Sie das Programm *Einstellungen*, *Töne* und im Menü *Klingeltöne* unseren neuen Ton *Stumm*. Deaktivieren Sie ggf. auch *Vibrieren* im Untermenü *Klingeln*. Nun erhalten Sie nur noch für VIP-Anrufer ein akustisches Signal. Wenn Sie Anrufe wieder hören möchten, wählen Sie einfach *Einstellungen*, *Töne*, *Klingeltöne* und einen Ton Ihrer Wahl. Sobald Sie unseren stummen Klingelton installiert haben, können Sie auch bestimmte Anrufer permanent stumm schalten: Öffnen Sie Ihre Kontakte, tippen Sie auf den Namen der Person und dann auf *Klingelton*, *Stumm*.

Gönnen Sie sich Zeiten zum konzentrierten Arbeiten in Ruhe ohne ständiges Telefonklingeln – in diesen Zeiten sind Sie wesentlich produktiver. Und auch wenn Sie die Programme auf dem iPhone faszinierend finden – legen Sie es beim gemütlichen Spazierengehen, Essen mit Ihrer Partnerin und beim Treffen mit Freunden bitte stummgeschaltet in die Ecke/Tasche, statt ständig darauf herumzutippen.

2. Zeitplanung mit dem iPhone

Wie legen Sie eine Aktivitätenliste für den Tag an (Aufgaben ohne Termin)?
Seite 28

Wie zeigen Sie Ihren Familienkalender, Ihre beruflichen Termine und Aufgaben für den Tag gemeinsam überlagert bzw. einzeln an?
Seite 29

Wie planen Sie Ihre Woche balanceorientiert für alle Lebensbereiche?
Seite 35

Das iPhone bringt eine schöne grafische Kalenderansicht mit, mit der Sie mehrere Kalender einzeln und überlagert ansehen können. Es hat zwar keine Aufgabenliste (Kapitel 3.1) an Bord, Sie können stattdessen aber eine tägliche Aktivitätenliste auch sehr gut als separaten Kalender führen.

2.1 Terminplanung mit dem iPhone-Kalender

Tippen Sie auf Ihrer Startseite auf das Programm *Kalender*, um den Kalender zu öffnen. Falls Sie mit mehreren Kalendern synchronisieren, sehen Sie links oben im Bild zusätzlich einen blauen Pfeil nach links, der Sie per Tippen zur Auswahlliste der Kalender mit einer Übersicht der zugehörigen Farben bringt. Per Tippen wählen Sie einen aus, Sie sehen dann nur die Termine für diesen einen Kalender (bzw. mit *Alle* die Termine aller Kalender überlagert). Sie sehen daraufhin den Namen des gewählten Kalenders in der Kopfzeile oben im Bild bzw. *Alle Kalender*, wenn Sie mehrere gleichzeitig anzeigen (mit den verschiedenen Farben hilft Ihnen das iPhone, zu sehen, zu welchem der Kalender ein Termin gehört).

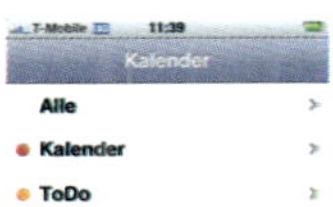

So legen Sie Termine an

Tippen Sie auf das Plus-Symbol oben rechts in der Ecke, um einen neuen Termin am gerade angezeigten Tag einzutragen. Legen Sie per Tippen auf die jeweiligen Felder *Titel*, *Ort*, *Anfang* und *Ende* fest.

Wenn Sie (nach Tippen auf *Anfang*) den Schiebeschalter *Ganztägig* aktivieren, wird der Termin ohne Uhrzeit über dem Tag „mitschwimmen" – praktisch, um sich z. B. Kongresse, Schulferien und Geburtstage zu merken oder Ihren Urlaub (und für den Tag trotzdem weitere Termine mit Uhrzeiten einzutragen, z. B. den Rückflug, Musical-Besuch und Tanzkurs).

Durch Tippen auf *Wiederholen* erzeugen Sie einen Serientermin (z. B. jeden Dienstagabend Salsakurs), *Warnhinweis* fügt einen Alarm hinzu (den Ton für Termin-Alarme schalten Sie im Programm *Einstellungen* im Menü *Töne* ein/aus, wenn Sie nach unten scrollen und *Kalenderhinweis* wählen). *Notizen* öffnet ein Eingabefeld mit mehr Platz als das Feld *Titel*. Sie können hier z. B. Ideen fürs nächste Meeting sammeln.

So navigieren Sie im Kalender und bearbeiten Termine

Tippen Sie in der Symbolleiste unten auf *Monat* für eine Monatsübersicht. Bei jedem Tag, für den mindestens ein Termin eingetragen ist, sehen Sie einen kleinen Punkt unter der Nummer des Tages. Bewegen Sie sich mit den zwei Pfeilen neben dem Monatsnamen einen Monat vor/zurück oder tippen Sie einen Tag an, um die entsprechenden Termine unter den Tagen des Monats aufzulisten. Mit Wischen auf der Terminliste blättern Sie in den Terminen des Tages vor/zurück, einmal Tippen öffnet den jeweiligen Termin in der Detailansicht (der blaue Pfeil links oben führt Sie dann wieder zurück zu allen Terminen). *Heute* (in der Symbolleiste) wählt das aktuelle Datum. Tippen Sie auf *Tag*, um in die Tagesansicht für das markierte Datum zu wechseln. Um den Tag zu wechseln, tippen Sie auf die zwei Pfeile (oben) neben dem aktuellen Wochentag und Datum.

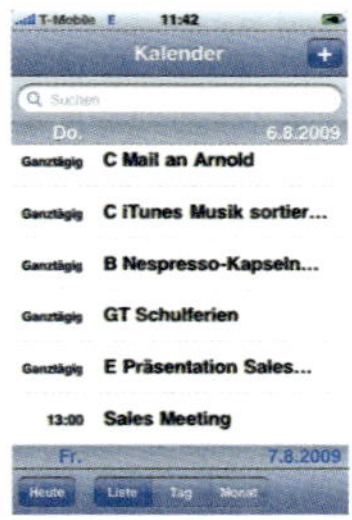

In der Tagesansicht sehen Sie Termine entsprechend ihrer Dauer als Rechtecke/grafische Balken und scrollen mit Wischbewegungen nach oben/unten durch den *Tag*. So können Sie schnell sehen, wie lang ein Termin dauert. Mehrere Termine und (je nach Anzahl der Termine) mehrere Tage auf einmal zeigt die *Liste* (entsprechende Schaltfläche in der Symbolleiste antippen), die dafür die Dauer nicht mehr so schön visualisiert wie *Tag*. In der Ansicht *Liste* scrollen Sie mit Wischbewegungen nach oben/unten durch die Termine der verschiedenen Tage. Einmal Tippen auf einen Termin öffnet ihn in der Detailansicht, dort können Sie nach einem Klick auf *Bearbeiten* (oben rechts) die Details des Termins editieren, z. B. den Anfang oder die *Notizen*.

Nutzen Sie das iPhone zur schnelleren Nachbereitung für Meetings und Termine: Tragen Sie im oder direkt nach dem Termin die wichtigsten Stichworte und Folgeaktivitäten in das Feld Notizen im Termin ein. Sie können es später auf dem Mac/PC in iCal/Outlook öffnen, den Inhalt kopieren und direkt in Ihrer Textverarbeitung in ein ausführliches Protokoll einfügen bzw. zur Nachbereitung nutzen und sehen auch Monate später direkt im Termineintrag ihr Stichwortprotokoll.

2.2 Tagesplanung

Außer den Terminen müssen Sie für Ihre Tagesplanung noch verschiedene Aktivitäten (To-do-Liste) im Auge behalten, die keiner Uhrzeit zugeordnet sind. Beispielsweise wollen Sie irgendwann am Montag Ihre Präsentation für Dienstag vorbereiten. Da das iPhone keine separate Aufgabeliste hat, führen Sie die Aktivitäten-/To-do-Liste einfach als separaten Kalender.

Die Aktivitätenliste anlegen

Das iPhone kann problemlos mehrere Kalender verwalten und stellt die Termine sogar in verschiedenen Farben dar (siehe Kapitel 2.1). Legen Sie in iCal auf dem Mac bzw. Outlook auf dem PC einfach einen zusätzlichen Kalenderordner an (iCal: Im Menü *Ablage* den Befehl *Neuer Kalender* wählen. Outlook: Rechtsklick auf Ihren Kalender in der Ordnerliste, *Neuer Ordner* im Menü wählen oder im Kalender den Menübefehl *Datei, Neu, Ordner*). Nach der nächsten Synchronisation ist dieser Ordner (nennen Sie ihn z. B. „To-do“) jetzt auch auf dem iPhone verfügbar.

Neue Aktivitäten/Aufgaben eintragen
Ihre Aufgaben tragen Sie nun als Ganztagstermine in diesen Kalender ein. Auf dem iPhone erscheinen die Aufgaben jetzt in der Tagesansicht über den Terminen als Balken bzw. in der Listenansicht als *Ganztägig* mit aufgelistet. Um eine neue Aufgabe auf dem iPhone einzugeben, legen Sie einfach einen neuen Termin an, wählen beim Eintragen der Termindetails im Feld *Kalender* Ihren für die Aufgaben angelegten Ordner – z. B. *To-do* – und aktivieren nach einmal Tippen auf *Anfang/Ende* (des Termins) den Schalter *Ganztägig*. (Wie Sie Aktivitäten in iCal/Outlook eintragen, erfahren Sie in Kapitel 3.2).

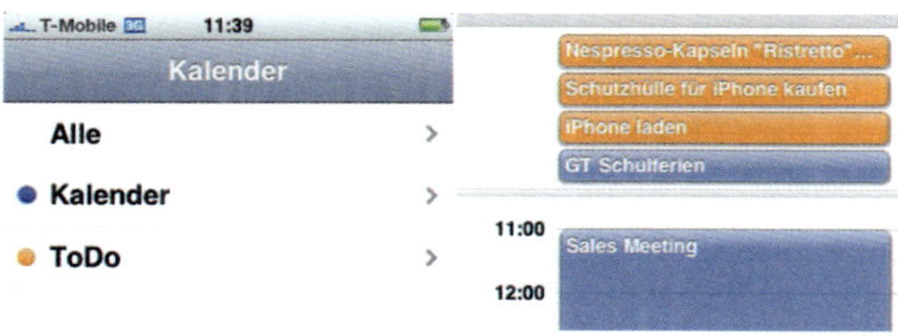

Wechseln zwischen Aktivitätenliste und Terminen
Wählen Sie wie in Kapitel 2.1 beschrieben entweder Ihren Haupt-*Kalender* mit den „echten" Terminen oder den (wie oben beschrieben erstellten) Kalenderordner *To-do* aus, um nur Ihre Aktivitätenliste zu sehen. Wenn Sie *Alle* in der Liste der Kalenderordner wählen, sehen Sie Ihre Termine und Aktivitäten für den Tag in verschiedenen Farben dargestellt (so können Sie „echte" Ganztagstermine wie z. B. Schulferien von Einträgen Ihrer Aktivitätenliste unterscheiden).

Verplanen Sie nur die Hälfte Ihrer Zeit mit festen Terminen, denn es kommt immer etwas dazwischen und Sie brauchen noch Zeit für Ihre Aufgaben. Wenn Sie deutlich mehr als die Hälfte Ihrer Zeit in festen Terminen verbringen, passen Sie diese Pufferzeit für sich an – und machen Sie es zur Aufgabe hoher Priorität, mehr frei einteilbare Zeit zu gewinnen (wir empfehlen Ihnen dazu die Bücher auf Seite 79 oder ein persönliches Coaching/Seminar).

2.3 Wochenplanung

Die Woche ist nah genug, um konkret Termine mit sich selbst zu setzen und die Tage grob vorzuplanen. Gleichzeitig ist eine Woche lang genug, um flexibel auf Unvorhergesehenes zu reagieren. Wenn Montag ein Termin ausfällt, können Sie eine Aufgabe von Mittwoch vorziehen – die haben Sie dann in jedem Fall fertig, auch wenn Dienstag etwas dazwischen kommt.

Wochenplanung mit dem Kieselprinzip

Eine gute Wochenplanung können Sie sich vorstellen wie das Füllen eines großen Eimers:

- Solange der Eimer noch leer ist, können Sie ganz in Ruhe drei Ziegelsteine hineinlegen.
- Nun können Sie Kieselsteinchen hineinschütten, die sich in den Lücken verteilen.
- Jetzt ist noch immer genug Platz für Sand ...
- ... und sogar noch, um zuletzt eine ganze Flasche Wasser in die Lücken zu kippen, wenn der Eimer randvoll mit Steinen und Sand ist.

Dieses Vorgehen ist viel sauberer und stressfreier, als wenn Sie versuchen würden, den Eimer andersherum zu befüllen (zuerst das Wasser ...). Die meisten Menschen verlieren sich im Alltag immer wieder in Kleinigkeiten, da sie oft nur auf Tagesebene planen. Das wäre ein mit Wasser und Sand gefüllter Eimer, der kaum noch bzw. gar keinen Platz mehr für Kiesel- und Ziegelsteine hat. Machen Sie es anders: Planen Sie die wichtigsten Aufgaben zuerst – solange am Wochenanfang noch Platz ist. Die Ziegelsteine sind wichtige Aufgaben, die zwar immer auch noch später erledigt werden könnten – Sie aber weit nach vorne bringen, wenn Sie endlich einmal damit beginnen (z. B. Ihr E-Mail-Postfach aufräumen, mit dem Joggen anfangen oder Zehn-Finger-Schreiben lernen).

So planen Sie auf dem iPhone Termine mit sich selbst
Suchen Sie im Rahmen der Wochenplanung für jeden Tag eine Aktivität als wichtige Schlüsselaufgabe, z. B. am Dienstag das Anlegen Ihrer wichtigsten Telefonnummern in den Kontakten des iPhone, damit Sie unterwegs nicht ständig in alten E-Mails nach den Handynummern suchen und diese umständlich kopieren müssen oder nicht mehr finden, weil die Mails zu alt sind. Tragen Sie diese Aktivität jetzt wie eben beschrieben in Ihre Aktivitätenliste ein – aktiveren Sie dabei aber **nicht** den Schalter *Ganztägig*, sondern wählen Sie eine an dem Tag noch freie Uhrzeit als Termin mit sich selbst. In der Übersicht des Kalenders zeigt das iPhone ihn nun in einer anderen Farbe an, da er zum Ordner *To-do* statt *Kalender* gehört (siehe 2.1). Verteidigen Sie diese Termine – wenn Ihnen jemand eine Besprechung aufdrücken will, schlagen Sie eine andere Zeit vor.

Planen Sie Montag morgens, Freitag nachmittags oder am Samstag (das ist Typsache) die kommende Woche, bevor sie richtig losgeht. Planen Sie Schlüsselaufgaben als Termine mit sich selbst. Planen Sie pro Tag nur einen Termin mit sich selbst – lieber etwas weniger planen und das einhalten, als sich zu viel vorzunehmen.

2.4 Monatsplanung

Auf Monatsebene setzen wir das Konzept der Wochenplanung fort: Planen Sie Ihre strategischen Aufgaben sowie Projekte und setzen Sie sich regelmäßig Termine mit sich selbst für alle Ihre Lebensbereiche. So sind Sie ausgeglichener, leistungsfähiger und können Belastungen in einzelnen Bereichen besser kompensieren. Ihre Monatsplanung erstellen Sie besser auf dem PC/Mac, hier haben Sie einen viel größeren Bildschirm mit mehr Platz und wesentlich komfortablere Eingabemöglichkeiten. Doch um unterwegs Ideen bzw. Ziele zu notieren, einzelne neue Aufgaben für Ihre langfristige Planung einzutragen oder die Aufgaben für ein Projekt anzusehen, nutzen Sie unterwegs wieder das iPhone.

Projektaufgaben mit dem iPhone im Blick behalten

Um Ihre Termine und Aktivitätenlisten für Ihre drei bis fünf wichtigsten Projekte separat zu führen, legen Sie einfach je einen Kalenderordner für die einzelnen Projekte an (siehe 2.2, wie der Aktivitätenordner). Tragen Sie alle Aufgaben für das Projekt als Aktivitäten (Ganztagstermine) in diesen Ordner ein. Wie in Kapitel 2.1 beschrieben können Sie nun zwischen den Projekten (Kalenderordnern) wechseln und mit *Alle* (Alle Kalender anzeigen) Ihre Projektaufgaben/-termine zusammen mit den anderen Aktivitäten und Terminen anzeigen.

Wenn Sie mit für Kollegen freigegebenen Kalendern arbeiten, achten Sie bitte darauf, dass normalerweise nur ein Kalenderordner für die anderen sichtbar ist. Solange Sie Aufgaben/Aktivitäten oder private Termine in anderen Ordnern verwalten, ist das völlig in Ordnung. Doch wenn Sie Projekttermine ebenfalls in andere Ordner eintragen, sind sie für die Kollegen nicht mehr ohne Weiteres sichtbar. Wenn Sie mit Outlook 2003 oder einer älteren Version arbeiten, können Sie zudem die Termine nicht übereinandergelegt darstellen – das geht erst seit Outlook 2007 – und kommen so bei mehreren Kalenderordnern mit Terminen am PC schnell durcheinander.

Um mehr Projekte zu verwalten, ein Mini-Projektmanagement mit erweiterten Funktionen auf dem iPhone abzubilden und Unteraufgaben (z. B. Zwischenziele und einzelne Schritte größerer Aufgaben) zu verwalten, stellen wir Ihnen in Kapitel 3 praktische Erweiterungsprogramme von Drittanbietern vor.

Undatierte Termine/Aktivitäten

Wählen Sie einen Tag für die Monatsplanung, z. B. immer den ersten Montag des Monats oder den letzten Freitag des Vormonats. Für Vormerktermine (z. B. „im Juni Zahnarztkontrolltermin mit Zahnreinigung buchen“) wählen Sie eine der folgenden zwei Möglichkeiten: Legen Sie einen separaten Kalenderordner *Monatsplanung* oder *Master-To-do-List* an (wie eben für Projekte beschrieben) und tragen die Aufgabe auf irgendeinem Tag am Anfang des entsprechenden Monats ein. Im Rahmen der Monatsplanung suchen Sie nun für jeden Eintrag einen passenden Tag und verschieben die Aktivität auf diesen Tag (antippen, *Bearbeiten, Anfang*).

Als zweite Variante legen Sie einen Notizzettel an (für die nächsten drei Monate jeweils einen, dann quartalsweise) und notieren hier einfach zeilenweise undatierte Aufgaben. Sie haben dann zwar keine Priorität, keinen Platz für Details und müssen nachher die einzelnen Teile mit *Kopieren/Einfügen* jeweils in Ihre Aufgabenliste übernehmen. Doch dieses Umkopieren ist im Rahmen der Monatsplanung am großen PC/Mac relativ einfach (z. B. am PC mit Alt + Tabulator zwischen dem geöffneten Notizzettel und Ihrer Aufgabenliste wechseln). Außerdem müssen Sie bei diesem Vorgehen keinen weiteren Kalenderordner anlegen und halten Ihre Aufgaben-/Aktivitätenliste von Einträgen sauber, die noch kein konkretes Fälligkeitsdatum haben.

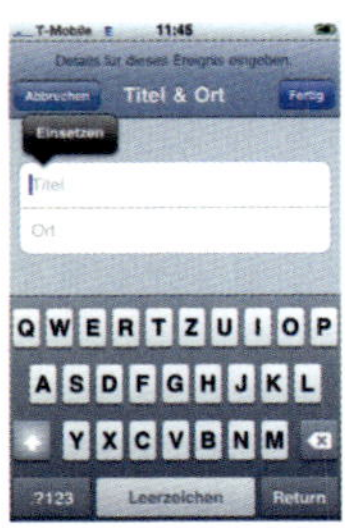

Ziele und Ideen

Legen Sie einfach eine Notiz auf dem iPhone an, die Sie in der ersten Zeile mit dem Wort „Ziele" beginnen

(bzw. mehrere Notizzettel für private und berufliche Ziele). Ideen gruppieren Sie ebenfalls in Notizzetteln, z. B. „Urlaubsideen – was ich in den nächsten Ferien alles unternehmen möchte". Wann immer Sie unterwegs jetzt eine gute Idee haben, öffnen Sie schnell die entsprechende Notiz und schreiben sie auf. So gerät nichts mehr in Vergessenheit.
Der nächste Schritt ist nun das konsequente Weiterplanen und Umsetzen: Sehen Sie Ihre Ziele spätestens wöchentlich, allerspätestens im Rahmen der Monatsplanung durch, und planen Sie die nächsten Aufgaben, die Sie diesem Ziel näher bringen. Sorgen Sie im Rahmen der Monatsplanung für Ordnung in Ihren Notizen und löschen Sie nicht mehr benötigte Einträge – so finden Sie die verbleibenden schneller wieder.

Falls Sie iPhone-Anwender „der ersten Stunde" sind oder ein noch für ein älteres Betriebssystem geschriebenes iPhone-Buch besitzen: Es ist inzwischen längst nicht mehr wahr, dass die Notizen nur auf dem iPhone verfügbar sind und nicht am Mac/PC ankommen. Seit OS 3.0 (Sommer 2009) synchronisiert das iPhone die Notizen auch mit PC und Mac.

Achten Sie auf Ihre Balance: Planen Sie, solange in Ihrem Kalender noch Platz ist, auch private Termine (ggf. in einem zweiten Kalenderordner, siehe 2.1). Nehmen Sie Ihre Zeit im Fitness-Studio und den Theaterbesuch mit Ihrer Tochter genauso ernst wie eine Vorstandsbesprechung – tragen Sie private Termine rechtzeitig im Kalender ein und verteidigen Sie diese Zeiten! Das iPhone unterstützt Sie dabei.

3. Aufgaben- und Prioritätenmanagement mit dem iPhone

Was ist der Unterschied zwischen Aufgaben und Terminen?

Seite 37

Wie planen Sie Aufgaben mit iPhone-Bordmitteln so, dass Sie diese auch direkt mit dem Mac/PC, MobileMe & Exchange synchronisieren?

Seite 39

Welche Profi-Tools verbessern Ihr Aufgabenmanagement und ermöglichen ein Mini-Projektmanagement auf dem iPhone?

Seite 45

Notieren Sie alle wichtigen Informationen und Ideen sofort auf Ihrem mit dem iPhone synchronisierten Mac/PC oder unterwegs direkt im iPhone. So haben Sie alle Informationen immer dabei, behalten den Überblick und konzentrieren sich auf das Wesentliche, wenn Sie die richtigen Prioritäten setzen.

3.1 To-do-Listen (Aufgaben – Termine – Prioritäten)

Jeder Tag hat für jeden Menschen genau 24 Stunden. Wieviel Zeit jemand für die erfolgreiche Bewältigung seiner Aufgaben benötigt, hängt weniger von der von ihm zu tragenden Verantwortung ab, als davon, ob er die richtigen Dinge tut. Effektivität bedeutet, sich auf das Wesentliche (Aufgaben mit hoher Hebelwirkung) zu konzentrieren.

Termine

Ein Termin ist ein für einen bestimmten Zeitpunkt fest geplantes Ereignis. Er kann unter Umständen zwar verschoben werden, dies kann jedoch eine Verzögerung von Tagen oder Wochen bedeuten (z. B. Besprechungen mit längeren Anreisezeiten). Um besonders wichtige Aufgaben an einem bestimmten Tag zu erledigen, können Sie für die verbindliche Erledigung „Termine mit sich selbst" planen (siehe 2.3).

Aufgaben

Eine Aufgabe hat nicht unbedingt ein Fälligkeitsdatum. Im Gegensatz zu einem Termin ist ihre Erledigung auch nicht an eine bestimmte Uhrzeit gebunden. Sie können Aufgaben deutlich vor dem Fälligkeitsdatum beginnen und fertigstellen. Aufgaben sind der Schlüssel zur Tages-, Wochen- und Monatsplanung (siehe Kapitel 2). Zur Erledigung der wichtigsten Aufgaben planen Sie rechtzeitig Termine mit sich selbst, damit diese Aufgaben ohne Fälligkeitsdatum nicht ewig liegen bleiben und Sie sie nicht unter Stress auf den letzten Drücker, sondern rechtzeitig vernünftig erledigen. Wenn weder Termine noch Routinearbeiten anstehen, suchen Sie sich aus Ihrer Aufgabenliste jeweils die passende, als nächstes zu erledigende aus. Somit können Sie Lücken zwischen Terminen optimal nutzen und bleiben im Tagesablauf flexibel – für unvorhergesehene Ereignisse ist ebenfalls Raum, da Sie viele Aufgaben auch zu einem späteren Zeitpunkt erledigen können, wenn Sie sie mit Pufferzeit planen.

Prioritäten

Ihre Zeit reicht fast nie für all das, was Sie gerne tun würden und was andere von Ihnen erwarten. Um in der Aufgabenflut nicht zu ertrinken, müssen Sie also auf gewisse Dinge verzichten und dürfen kritische Punkte nicht aus den Augen verlieren. Prioritäten helfen Ihnen, Ihre wichtigsten Aufgaben zu identifizieren und ihnen auf Kosten anderer Aufgaben die nötige Zeit zu widmen.

Wir verwenden im weiteren Verlauf des Buches die Einteilung in A-, B- und C-Aufgaben nach dem Eisenhower-Prinzip (wenn Sie noch nicht damit vertraut sind, haben wir unter Softlink 006 eine kurze Zusammenfassung für Sie im Internet bereitgestellt – eine detailliertere Erklärung finden Sie z. B. in unserem Buch „Zeitmanagement mit Outlook“, Softlink 007).

Planen Sie rechzeitig wichtige Aufgaben für Ihre Projekte und Ihre Balance! Die Monats- und Wochenplanung (Kapitel 2) unterstützt Sie dabei, sie im hektischen Tagesgeschäft auch ohne akute Dringlichkeit nicht aus den Augen zu verlieren – mit dem iPhone haben Sie stets alles übersichtlich dabei.

3.2 Aufgabenplanung mit den iPhone-Bordmitteln

Das iPhone bringt keine Aufgabenliste mit. In Kapitel 2.2 haben wir daher bereits eine Aktivitätenliste auf dem iPhone über zusätzliche Kalenderordner eingeführt. Wir zeigen Ihnen jetzt, wie Sie das Ganze zu einer einfachen Aufgabenliste ausbauen, die zudem direkt mit iCal, Outlook, MobileMe und Exchange synchronisiert.

So weisen Sie den Aufgaben der Aktivitätenliste Prioritäten zu

Verwandeln Sie die angelegte Aktivitätenliste in eine Aufgabenliste – Sie brauchen hierfür lediglich noch eine Priorität und eine Kontrolle, welche Aufgaben bereits abgeschlossen sind. Das iPhone kennt zwar weder das Feld *Priorität* noch das Feld *Erledigt*, aber es sortiert die Ganztagstermine zum Glück alphabetisch nach Titel (Betreff). So schreiben Sie einfach einen Buchstaben (A, B, C) vor die Aufgabe, um sich die Priorität zu merken, und kennzeichnen erledigte

Aufgaben, indem Sie ein E vor den *Titel* der Aufgabe schreiben (den Aufgabeneintrag in Kalender antippen, danach oben rechts auf *Bearbeiten* tippen, dann auf den *Titel* – das erste Eingabefeld über *Anfang/Ende* – und jetzt mit der Lupe – siehe Kapitel 1.1 – an den Textanfang bewegen). Das iPhone sortiert dann automatisch die Aufgaben der höchsten Priorität nach oben und erledigte Aufgaben unter alle anderen.

Damit Sie in einer Gesamtansicht Ihrer Termine und Aufgaben für die Tagesplanung (Kapitel 2.2) nicht durcheinanderkommen, können Sie alle Ganztagstermine mit einem Leerzeichen oder „GT" (für Ganztags) im Titel beginnen. Die Ganztagstermine werden dann über (Leerzeichen am Anfang) bzw. unter („GT" am Anfang) den Aufgaben angezeigt. So kommen Sie nicht durcheinander, wenn ein Termin mit einem der Buchstaben von A–E beginnt – ohne Kürzel am Anfang würde er mitten zwischen Ihren Aufgaben in der Liste erscheinen. Alternativ setzen Sie vor den „Aufgaben-Buchstaben" (A, B, C bzw. E) jeweils ein Leerzeichen, das sortiert die Aufgaben über die "echten" Ganztagstermine.

So bearbeiten Sie die iPhone-Aufgaben am Mac/PC

Legen Sie (falls noch nicht geschehen) wie in Kapitel 2.2 beschrieben einen To-do-Ordner als zusätzlichen Kalender an.

Sie müssen für die Aufgabenverwaltung auf dem iPhone jetzt keine zusätzliche Software mehr kaufen oder installieren und auch nichts von Ihrer IT-Abteilung freigeben lassen (sofern Sie Ihr iPhone sowieso mit Ihren Kontakten/dem Kalender synchronisieren) – das iPhone synchronisiert den neuen Kalenderordner automatisch per Exchange Push, MobileMe bzw. iTunes.

Den neu angelegten Kalenderordner, der Ihre Aufgaben enthält, können Sie wie gewohnt für Kollegen freigeben.

Die Tipps aus unserem Buch „Zeitmanagement mit Outlook“ (Softlink 007, z. B. Filtern nach Projekt/Tag, 25.000-$-Methode usw.) sind weiterhin anwendbar – erstellen Sie einfach eine Listenansicht für den Kalenderordner. Wir haben unter Softlink 005 eine ergänzende Anleitung zu diesem Buch für Sie erstellt, die beschreibt, wie Sie eine solche Listenansicht in Outlook erstellen, wenn Sie die Konzepte aus dem Buch bereits kennen, anwenden und nun mit dem iPhone kombinieren möchten.

So tragen Sie iPhone-Aufgaben in iCal ein

Wählen Sie auf dem Mac in iCal oben rechts neben den Terminen der Woche im Bereich *Kalender* per Mausklick den entsprechenden Ordner (*To-do*, wenn Sie unserem Namensbeispiel gefolgt sind). Legen Sie jetzt einen neuen Termin an und weisen Sie ihm in den Details das Attribut *Ganztägig* zu. Oder Doppelklicken Sie einfach in den Bereich direkt über der ersten angezeigten Uhrzeit für den gewünschten Tag, um einen neuen Ganztagstermin anzulegen.

So tragen Sie iPhone-Aufgaben in Outlook ein
Wählen Sie in Outlook den entsprechenden Ordner (*To-do*) per Klick in der Ordnerliste oder im Bereich *Meine Kalender* (links neben Ihren Terminen, seit Outlook 2003 verfügbar) aus. Legen Sie jetzt per Doppelklick auf eine beliebige Uhrzeit am gewünschten Tag einen neuen Termin an und aktivieren Sie (rechts neben dem Feld *Beginnt um*) das Kontrollkästchen *Ganztägig*. Oder Doppelklicken Sie einfach in den Bereich direkt über der ersten angezeigten Uhrzeit für den gewünschten Tag, um einen neuen Ganztagstermin anzulegen.

Bereits mit iPhone-Bordmitteln können Sie durch geschicktes Umfunktionieren von Ganztagsterminen und mehreren Kalendern eine einfache, aber leistungsfähige Aufgabenfunktion nachrüsten, die automatisch mit dem großen Mac/PC abgleicht. Um eine verfeinerte Priorisierung für den heutigen Tag einzuführen, ersetzen Sie am Tagesanfang einfach den Buchstaben vor Ihren Aufgaben durch die Ziffern 01 für die wichtigste Aufgabe, 02 für die zweitwichtigste usw.

3.3 Zwei einfache To-do-Programme

Wenn Sie ein möglichst einfaches und kostenloses Aufgabenprogramm für das iPhone als Alternative zu den Bordmitteln (siehe 3.2) suchen, sollten Sie sich Todo Lite und DoBot ToDos aus dem AppStore näher ansehen.

Todo Lite (Softlink 009)

Todo Lite ist die auf maximal zehn Einträge beschränkte kostenlose Version des sehr empfehlenswerten Programms Todo, das wir Ihnen gleich in Kapitel 3.4 näher beschreiben werden. Der Funktionsumfang ist identisch. Wenn Sie Aufgaben nur für die Tagesplanung benutzen möchten und nur wenige Aufgaben eintragen, kommen Sie mit dieser Version vielleicht sogar dauerhaft aus. Sie können insgesamt jedoch keine elf oder mehr Aufgaben eintragen, nach der zehnten Aufgabe werden Sie aufgefordert, die kostenpflichtige Version von Todo zu erwerben.

DoBot ToDos (Softlink 014)

Dieses kostenlose Programm bietet alles, was eine einfache, vernünftige Aufgabenverwaltung braucht – und nichts mehr. Sie haben einen Betreff und ein Notizfeld, ein Fälligkeitsdatum sowie eine Priorität für Ihre Aufgaben, können diese in verschiedenen Listen (z. B. privat/beruflich oder in verschiedenen Projekten) organisieren und nach Fälligkeit/Priorität/Name sortieren. Die Reduktion auf die wesentlichen Funktionen spart Ihnen bei DoBot ToDos lange Einarbeitungszeiten und ist hilfreich, wenn Sie weder ein Mini-Projektmanagement noch ein Synchronisieren Ihrer Aufgaben mit dem Mac/PC benötigen. So können Sie besonders schnell und einfach starten:

Öffnen Sie das Programm, um eine Ihrer Aufgabenlisten zu sehen. Mit dem Plus-Symbol oben rechts legen Sie eine neue Liste an (z. B. „Urlaubsvorbereitung“). Tippen auf eine Liste öffnet die zugehörigen Aufgaben. Hier legt das Plus-Symbol oben rechts wieder eine neue Aufgabe an, der blaue Pfeil *ToDo Lists* oben links führt zurück zu den anderen Aufgabenlisten und Tippen auf eine bestehende Aufgabe öffnet diese zum Bearbeiten. Sie finden dann unter dem Titel links eine Schaltfläche für das Fälligkeitsdatum (*Set Due Date*), rechts daneben die Priorität und darunter einen Erledigt-Haken (*Complete*, antippen zum Setzen/Löschen) sowie ein großes Textfeld für Notizen.

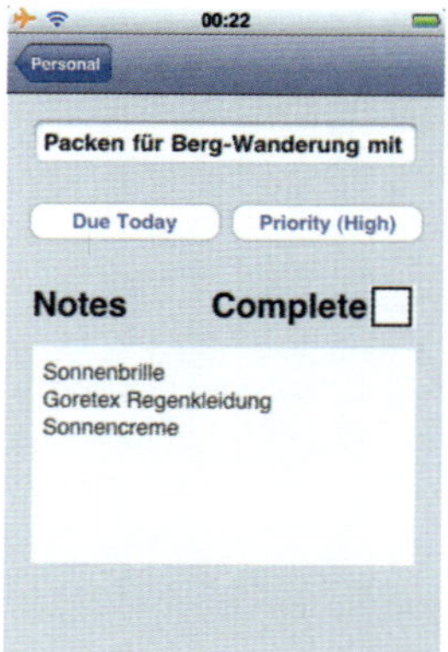

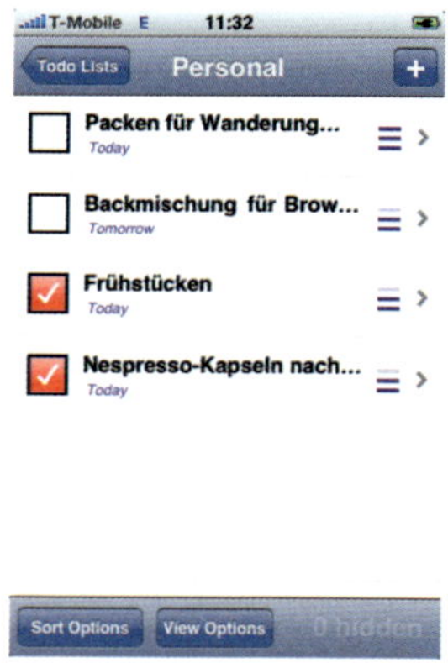

Innerhalb einer Aufgabenliste sehen Sie links am Rand ein großes Quadrat vor den einzelnen Aufgaben, das den Erledigt-Status repräsentiert. Tippen Sie es zum Markieren als erledigt/offen an. Links neben der Aufgabe sehen Sie die Priorität (drei Balken = hoch). Unterhalb der Listen finden Sie zwei Schaltflächen für die Übersicht: *Sort Options* ändert die Sortierung nach Priorität, Fälligkeitsdatum, *Creation* (Datum, an dem die Aufgabe erstellt wurde), und alphabetischer Reihenfolge des Betreffs. Mit *View Options* legen Sie fest, ob Sie alle Aufgaben, nur die unerledigten oder lediglich die heutige fälligen sehen möchten.

Um in DoBot ToDos eine Aufgabe (oder auch eine ganze Aufgabenliste mit allen Untereinträgen) zu löschen, wischen Sie mit dem Finger in einer gleichmäßigen, waagerechten und schnellen Bewegung von links nach rechts über den Namen des Eintrags und bestätigen mit der daraufhin erscheinenden Delete-Schaltfläche (den Finger nicht zu lange auf einem Punkt ruhen lassen und die Bewegung nicht zu langsam ausführen, sonst öffnet das den Eintrag).

3.4 Die wichtigsten Planungstools im AppStore: a) ToDo

Um die Aufgaben direkt in einem eigenen Programm auf dem iPhone im Zugriff zu haben, schnell zwischen der Sortierung nach Fälligkeit, Priorität und Projekt zu wechseln und z. B. nicht nur alle Aufgaben für heute, sondern alle für die ganze Woche, aber nur für ein bestimmtes Projekt, anzuzeigen, gibt es praktische Zusatzsoftware von Drittanbietern im AppStore.

Manche Programme sind umständlich, bieten wenig sinnvolle Funktionen oder sind sogar unzuverlässig/stürzen ab – probieren Sie also eher vorsichtig und nicht alles aus, was es an neuer Software im AppStore gibt, wenn Sie wichtige Daten auf dem iPhone verwalten. Doch einige der Programme im AppStore laufen sehr stabil und sind eine große Arbeitserleichterung.

Sie erweitern die Möglichkeiten zum professionellen Zeitmanagement massiv und reichen vom Funktionsumfang teilweise an ein Mini-Projektmanagement heran. Im Folgenden stellen wir Ihnen die wichtigsten und besten Programme vor: Todo, Things (Kapitel 3.5) und Remember The Milk (RTM, 3.6).

Die in diesem Buch abgedruckten Informationen sind auf dem Stand vom Redaktionsschluss im August 2009 – im Internet halten wir für Sie eine stets aktuelle Übersicht unter Softlink 008 bereit, da die Programme laufend verbessert werden und neue interessante Anwendungen hinzukommen.

Toodledo (Softlink 013)
Wenn Sie sich erst einmal in das Programm eingearbeitet haben, ist es sehr leistungsfähig – insgesamt aber etwas komplexer und unübersichtlicher als Todo und Remember The Milk. Daher hat Toodledo den Sprung in unsere Top 3 knapp verfehlt, doch ist noch immer so interessant, dass wir es zumindest kurz erwähnen: Wenn Sie sich intensiver mit verschiedenen Planungstools beschäftigen, sollten Sie es sich ebenfalls ansehen. Es ist eine Aufgabenliste mit hohem Funktionsumfang – sogar Ziele, Alarme und Ordner sind vorhanden. Ein Toodledo-Konto im Internet dient dem automatischen Sichern Ihrer auf dem iPhone angelegten Aufgaben und dem Bearbeiten am Mac/PC.

Todo (Softlink 012)
Todo ist eines der beliebtesten Profi-Aufgabenprogramme für das iPhone. Außer vielen verschiedenen Sortieroptionen bietet es Alarme, ein Mini-Projektmanagement (Aufgaben in Checklisten und Projekten mit Unteraufgaben verwalten) sowie vor allem eine echte Synchronisierung mit iCal und Outlook (der Outlook-Abgleich war bei Drucklegung des Buches noch nicht öffentlich verfügbar, aber bereits beim Hersteller in der Entwicklung).

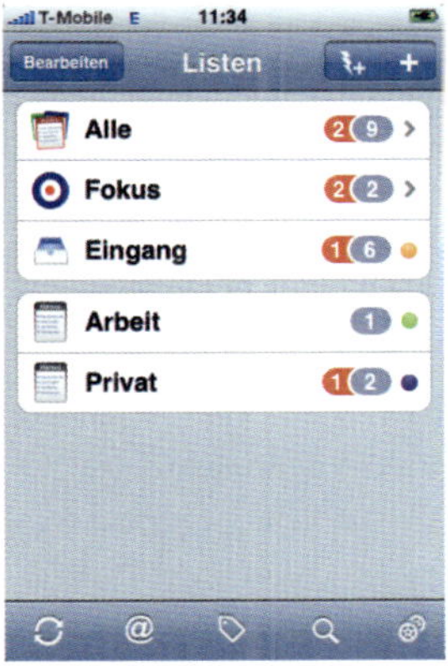

Zwei Wermutstropfen: Zum Synchronisieren mit Outlook/iCal müssen Sie sich in der Nähe Ihres Mac/PC befinden (im gleichen WLAN, kein Direct Push von unterwegs wie z. B. beim integrierten iPhone-Kalender) und Alarme benötigen eine aktive Internetverbindung zum gewählten Alarmzeitpunkt. Wenn Sie sich gerade in einem Funkloch befinden oder das iPhone in den Flugzeugmodus geschaltet haben, werden also keine Alarme angezeigt.

Aufgrund des hohen Funktionsumfangs benötigen Sie eine kurze Einarbeitungszeit in das Programm, die sich jedoch lohnt. Danach können Sie mit Todo schnell und übersichtlich arbeiten. Wenn Sie in Ihrer Firma iCal/Outlook für die Aufgabenverwaltung einsetzen, eigene Software installieren dürfen und ein leistungsfähiges Mini-Projektmanagement suchen, ist Todo die erste Wahl, da es sowohl mit Outlook als auch iCal synchronisiert.

Investieren Sie einmalig einen kleinen Betrag in eine gute Planungssoftware – das rentiert sich schnell, wenn es Ihnen hilft, in Zukunft effektiver zu planen und das Wesentliche noch besser im Blick zu behalten!

3.5 b) Produktivitätstool „Things"

Things ist eines der umfassendsten Planungstools für das iPhone. Es kommt einem Mini-Projektmanagement gleich.

Sie organisieren Ihre Aufgaben mit einem Fälligkeitsdatum, einer Priorität und einem zugeordneten Projekt. Aufgaben können voneinander abhängen und gehen damit für die Ziel- und Projektplanung sogar über den Funktionsumfang von iCal und Outlook hinaus. Wenn Sie z. B. die defekte Glühlampe im Badezimmer wechseln möchten, können Sie diese Aufgabe erst erledigen, wenn Sie vorher eine neue gekauft haben. Es bringt wenig, wenn Sie „neue Lampe kaufen" in der To-do-Liste Ihres iPhone sehen, unterwegs einen Umweg über den Baumarkt machen und dann vor Ort nicht wissen, welche Fassung/Größe die Lampe haben soll – in Things machen Sie ein Projekt daraus und können direkt sehen, dass Sie mit dem Notieren der benötigten Fassung beginnen müssen. Sobald Sie dies erledigt haben, erscheint „Lampe kaufen" als nächste fällige Aufgabe.

Manche Anwender lieben diesen sehr strukturierten „Projekt-Ansatz", andere kritisieren, dass er zur komplizierten „Überplanung" führt (einfach direkt die benötigte Fassung in die Aufgabe zum Kaufen schreiben, wenn man die defekte Lampe entdeckt, und nach der Rückkehr aus dem Geschäft die Lampe einschrauben, fertig). Sie können Things auch einfach nutzen, ohne diesem etwas komplizierten Gedanken zu folgen – Projekte ersetzen dann einfach Kategorien/Themen, und Sie lassen die Hierarchie/Verknüpfung von Aufgaben beim Planen weg.

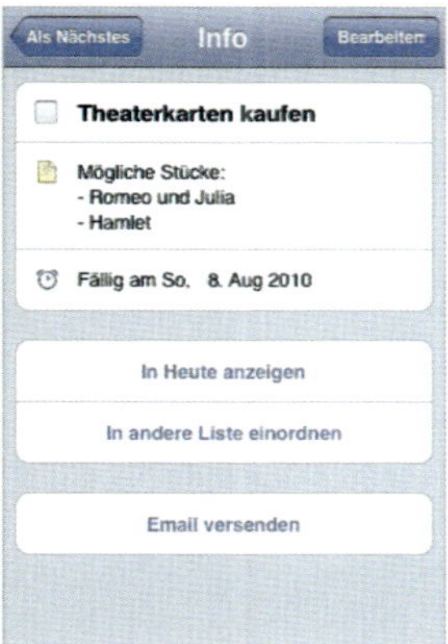

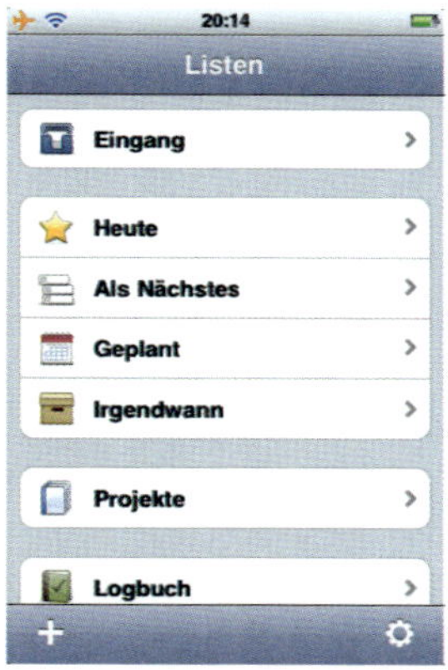

Das Eingeben und Sortieren von vielen Aufgaben auf einmal erledigen Sie besser am großen Mac mit übersichtlichem, großem Bildschirm und einer echten Tastatur, das ist viel komfortabler. Things existiert auch in einer Mac-Version, die mit dem iPhone und auf dem Mac mit iCal die Daten abgleichen kann. Ohne diese Mac-Version von Things können Sie weder mit iCal noch mit Outlook abgleichen und das Arbeiten auf dem kleinen Gerät macht viel Aufwand. Daher kann die Arbeit mit Things problematisch werden, wenn Sie auf Ihrem Firmen-Mac aus Sicherheits- oder Wartungsgründen keine Fremdsoftware installieren dürfen, die von Ihrer IT nicht freigegeben wurde – Things bleibt dann außen vor und Sie können nicht mehr mit iCal abgleichen. Eine Windows-Version von Things existiert noch nicht, auch der Abgleich mit Outlook und Exchange ist nicht möglich (ob sich hier seit Drucklegung dieses Buches etwas verändert hat, erfahren Sie unter Softlink 010). Wenn Sie in der Firma mit Outlook arbeiten, nutzen Sie also lieber ToDo oder RTM (Kapitel 3.4/3.6) bzw. die iPhone-Bordmittel (Kapitel 3.2) zur Aufgabenverwaltung.

Things bietet umfangreiche Profi-Funktionen für Aufgaben. Es nur allein auf dem iPhone zu nutzen ist sehr umständlich, da Sie dann sehr viele Aufgaben mit der virtuellen Bildschirmtastatur eingeben müssen. Um unterwegs ein bis zwei Aufgaben nachzutragen oder schnell etwas anzusehen/zu erledigen, ist das iPhone mit Things hingegen hervorragend geeignet, solange Sie erstens mit einem Mac arbeiten und zweitens auf dem Mac die große, 50 Dollar teure Version von Things installieren dürfen und das auch tun.

3.6 c) Produktivitätstool „Remember The Milk" (RTM)

Rember The Milk ist ein einfacher und gleichzeitig leistungsfähiger, universeller Aufgabenmanager, der für viele Betriebssysteme erhältlich ist – darunter auch Mac und iPhone.

Zwar gleicht RTM noch nicht mit iCal, Outlook oder Exchange ab (ob sich dies seit Drucklegung des Buches geändert hat, erfahren Sie unter Softlink 011), aber da Sie auf Ihre RTM-Aufgaben über einen Webbrowser zugreifen können, ist RTM über viele sonst gesetzte Grenzen hinaus nutzbar: Sie können RTM ganz einfach im Browser in Ihrer Firma am Arbeitsplatz verwenden, auch wenn die Installation von Fremdsoftware in Ihrem Unternehmen gesperrt ist. Sie können zu Hause, im Büro und im Urlaub auf Ihre (privaten) Aufgaben zugreifen und tolle Ideen auch ohne Mac/PC und selbst bei leerem Akku des iPhone im Internetcafé sofort für zu Hause notieren.

Aufgaben haben neben einer Fälligkeit, Priorität, geschätzter Dauer und einem Ort auch Felder für Projekte und Kategorien (*list* und *tag*). RTM sortiert Ihre Aufgaben auf Wunsch z. B. nach Projekt, Fälligkeit oder Priorität und stellt Ihnen Alarme auf Wunsch per SMS zu. Es blendet erledigte Aufgaben aus und kann Wiederholungsaufgaben erstellen. Dank der pfiffigen Bedienung können Sie mehrere Aufgaben auf einmal verschieben oder als erledigt kennzeichnen.

Ihre Daten liegen im Internet auf einem Server des Anbieters. Für den Abgleich mit dem iPhone benötigen Sie einen Pro-Account (25 US-Dollar pro Jahr).

Erweitern Sie das iPhone mit Profi-Planungsfunktionen – das beste und universell zu diesem Zweck einsetzbare Programm ist Remember the Milk, das Sie auch auf dem Mac und PC nutzen können. Am großen Mac/PC geben Sie bequem Aufgaben ein und haben mehr Übersicht über Ihre Tagesplanung. Mit dem iPhone haben Sie diesen Plan unterwegs immer dabei. Wenn Sie Ihre Aufgaben hingegen für Kollegen im Zugriff auf einem Exchange-Server speichern oder per Push-Dienst zwischen iPhone und Exchange/MobileMe abgleichen wollen, nutzen Sie umfunktionierte Ganztagstermine als Aufgaben (siehe 3.2).

4. Zeitsparendes E-Mail- & Web-Management

Wie arbeiten Sie mit E-Mail-Ordnern und markieren Mails als ungelesen?
Seite 60

Was müssen Sie bei der iPhone-Nutzung im Ausland beachten?
Seite 61

Welche Websites sind unterwegs besonders hilfreich und laden schnell?
Seite 62

Wenn Sie über ein Exchange-Postfach oder MobileMe verfügen, synchronisiert das iPhone automatisch E-Mails, Adressen und Termine mit dem großen PC/Mac, ohne dass Sie es per Kabel anschließen müssen. Auch im Ausland ist das iPhone ein hilfreicher Begleiter, sei es als Wörterbuch oder elektronische Bordkarte für Ihren Lufthansa-Flug. Allerdings gibt es ein paar Dinge zu beachten, damit Sie bei Ihrer nächsten iPhone-Rechnung nach der Reise keine böse Überraschung erleben – das Datenvolumen Ihres Tarifs ist im Ausland nicht gültig, die Internetnutzung mit dem iPhone wird ohne Vorsichtsmaßnahmen daher richtig teuer.

4.1 Das iPhone als Informations- und Kommunikationszentrale

Ihr PC/Mac steht fest im Büro. Auch Ihr Notebook und selbst ein Netbook ist viel zu groß und schwer, um es immer dabei zu haben, und diese Geräte benötigen unterwegs zu lange zum Aufwachen aus dem Stand-by-Modus. Das iPhone hingegen ist auf Knopfdruck sofort startbereit, um wichtige Infos an Ort und Stelle nachzuschlagen. Andererseits ist es aufgrund der hohen Mobilität im Leistungsumfang gegenüber einem großen PC/Mac stark beschränkt: Das Tippen längerer Texte wie einer Ideensammlung für Ihre Präsentation oder einer Mailantwort mit mehreren Absätzen wird zur zeitfressenden Quälerei.

Doch unterwegs kurz die neuen Mails anzusehen und in dringenden Fällen schnell zurückzurufen, funktioniert auf dem iPhone prima. Außerdem ist es ein hervorragender mobiler Webbrowser, um jederzeit Infos im Internet nachzuschlagen. So wird es zu Ihrer Informations- und Kommunikationszentrale für unterwegs. Sie können Wartezeiten sinnvoll nutzen und sind immer schnell informiert, während Sie umfangreiche Planungen mit Aufgabenlisten, das Verfassen längerer Texte, Bearbeiten von Excel-Tabellen und Präsentationen später in Ruhe mit einer komfortablen Tastatur und großem Bildschirm an Ihrem Notebook bzw. großen PC/Mac erledigen.

Wenn Sie sich unterwegs Ideen notieren oder Daten merken möchten, für die Sie mehr als zwei Absätze Text tippen müssten, nutzen Sie lieber die Sprachnotizen des iPhone (Programm *Sprachmemos* antippen). Bei Sprachaufnahmen können Sie sich auf Ihre Ideen und Kreativität konzentrieren, statt sich mit der Bildschirmtastatur herumschlagen zu müssen. Nach dem Aufzeichnen senden Sie die Notiz einfach per E-Mail an sich selbst und tippen sie nachher am PC/Mac ab.

Über die ständige Internetverbindung, die in Deutschland hervorragend ausgebaut und fast überall verfügbar ist, können Sie stets mobil auf große Datenbanken zugreifen. Spezielle Programme auf dem iPhone bereiten dabei die Daten so auf, dass Sie auch bei riesigen Informationsmengen schnell das Wichtigste übersichtlich auf dem kleinen Bildschirm dargestellt sehen und Aktualisierungen eintragen können, die sofort auf den Server im Unternehmen übernommen werden. Es bietet sich an, das iPhone in ein System aus Servern und PCs/Macs zu integrieren – ein gutes Beispiel sind CRM-Tools (Customer Relationship Management, s.a. Kapitel 4.5). So nutzen Sie das iPhone zum schnellen Nachschlagen/Eintragen und die großen Macs/PCs für umfangreicheres Bearbeiten.

Datenabgleich mit PC/Mac
Um die Daten vom iPhone auf den „großen“ PC/Mac zu bringen und Daten zwischen den Systemen auszutauschen, können Sie das iPhone manuell per Kabel mit dem PC/Mac verbinden und über iTunes synchronisieren sowie per Exchange oder MobileMe Ihre Termine, Adressen und E-Mails automatisch synchron halten.

Manueller Abgleich
Die manuelle Synchronisation per Kabel ist die einfachste und billigste Lösung, die Sie ohne weitere Schritte nach der Aktivierung des iPhone in iTunes direkt ausführen können. Insgesamt ist sie aber relativ umständlich, denn sie ist nur dann möglich, wenn Sie das iPhone an den PC/Mac anschließen – daran müssen Sie jedes Mal denken und es kostet Zeit, wenn Sie unterwegs waren oder nach dem Eingeben neuer Termine schnell aufbrechen möchten. Zum Synchronisieren großer Datenmengen wie einer umfangreichen iTunes-Musiksammlung und längerer Videos bleibt der Daten-Abgleich mit Kabel jedoch die beste und schnellste Lösung. Wenn Sie häufig in verschiedenen Ländern unterwegs sind, spart Ihnen die Synchronisation per Kabel (iPhone und Notebook) zumindest für den iPhone-Abgleich teure Internetverbindungsgebühren (siehe 4.3).

Vorsicht: Wenn Sie nur zu Hause per Kabel synchronisieren, sind Ihre Daten bis zum nächsten Abgleich mit iTunes nicht gesichert. Falls Sie also vergessen, neue Adressen/Termine abzugleichen, sind diese Daten bei einem Verlust des iPhone ebenfalls vollständig und unwiederbringlich verloren. Senden Sie wichtige neue

Adresseinträge und Sprachnotizen (im Ausland beachten Sie bitte die Kosten, siehe Kap 4.3) daher zur provisorischen Datensicherung per E-Mail an sich selbst, wenn Sie unterwegs längere Zeit nicht mit Ihrem PC/Mac abgleichen (Sprachmemo/Kontakt öffnen und auf *Senden/Kontakt senden* tippen). So liegen die Daten zumindest als Kopie in Ihrem Postfach.

Exchange und MobileMe

Ein Exchange-Server sowie alternativ MobileMe halten die Daten zentral vor, sodass Sie mit mehreren Geräten (z. B. iPhone, zwei Notebooks, Mac) jederzeit und auch gleichzeitig darauf zugreifen können. Der Server hält alle Geräte auf dem gleichen Stand und sorgt dafür, dass Änderungen, neue Einträge und gelöschte Einträge von einem Gerät jeweils auf die anderen übertragen werden. Sie können auch direkt im Internet über MobileMe bzw. Outlook Web Access für Exchange auf Ihre Daten zugreifen.

Exchange und MobileMe übertragen Änderungen an den Daten auch unterwegs immer und überall sofort auf das iPhone (bzw. vom iPhone auf den Server). Wenn das iPhone (z. B. im Flugzeug) keine Internetverbindung hat, werden die Änderungen trotzdem beim erneuten Einschalten der Internetverbindung automatisch abgeglichen (außer Sie haben den Push-Datenabgleich in den Optionen deaktiviert). Der Exchange-Server ermöglicht im Unternehmen auch das Freigeben Ihrer Daten für andere. So darf Ihre Sekretärin Termine in Ihrem Kalender eintragen, die sofort auf dem iPhone erscheinen. Ihre Kolleginnen dürfen Termine in Ihrem Kalender sehen – wenn Sie unterwegs einen mehrstündigen Auswärtstermin auf dem iPhone eintragen, kann Ihr Kollege in seinem Outlook sehen, dass Sie nächste Woche Mittwoch nicht für eine Besprechung verfügbar sind (mehr zu Freigaben in Outlook siehe Softlink 017).

In Unternehmen wird normalerweise ein Exchange-Server verwendet, Ihre IT-Abteilung kontrolliert dann auch die Zugriffsrechte und Einstellungen (z. B. ist Outlook Web Access eventuell nicht verfügbar). Beide Servertypen können Sie auch als Privatnutzer bzw. Freiberufler und Unternehmen mit z. B. nur zwei bis drei Mitarbeitern bei einem großen Anbieter mieten. Die seit vielen Jahren bewährte Exchange-Technologie ist dabei nicht nur zuverlässiger und leistungsfähiger, sondern auch preiswerter als MobileMe (aktuelle Anbieter- und Preisbeispiele unter Softlink 018).

Beachten Sie bitte: Exchange und MobileMe gleichen nicht alle Daten mit dem iPhone ab, sondern nur Kontakte, Termine, E-Mails und Notizen (während Sie Sprachnotizen und Fotos z. B. weiter manuell per Kabel abgleichen oder sich selber zumailen müssen).

Wenn Sie nicht ohnehin schon ein Exchange-Postfach von Ihrem Unternehmen zur Nutzung mit dem iPhone zur Verfügung gestellt bekommen, lohnt sich auch für Freiberufler und Privatpersonen das Anmieten eines Exchange-Postfachs (z. B. T-Mobile Hosted Exchange, Softlink 020). Die Nutzung eines iPhone mit Exchange Push ist viel komfortabler als die Synchronisation per Kabel und schützt Ihre wichtigsten Daten zudem vor Verlust, Diebstahl und Defekt des iPhone.

4.2 Das iPhone als mobiles Mail-System

Mit dem iPhone können Sie unterwegs schnell Mails senden und empfangen und damit auch kurze Wartezeiten effektiv nutzen. Wenn Sie eine E-Mail auf Wiedervorlage in eine Outlook-Aufgabe umwandeln möchten (Softlink 021), eine angehängte Excel-Tabelle bearbeiten oder viele E-Mails am Stück übersichtlich und effizient bearbeiten wollen, erledigen Sie das am besten im Rahmen eines E-Mail-Blocks am Mac/PC. Doch für einen kurzen Rückruf, der zur Erledigung der Mail reicht, eignet sich das iPhone prima. Auch können Sie unwichtige Mails löschen und sind unterwegs über dringende Mails schnell informiert.

Vorsicht: Werden Sie nicht zum Sklaven Ihrer E-Mails, der sich durch jedes neu eingetroffene Restposten-Angebot von wichtigen Arbeiten abhalten lässt. Deaktivieren Sie den Alarm für neue E-Mails (siehe Kapitel 1.4 fürs iPhone und Softlink 022 für Outlook).

Das iPhone führt Sie beim ersten Start des Mail-Programms automatisch durch die Konfiguration der Einstellungen für Ihr E-Mail-Konto (inkl. Exchange und MobileMe).

Arbeiten mit Ordnern

Wenn Sie das Mail-Programm öffnen, sehen Sie (je nachdem wo Sie das Programm verlassen haben und ob Sie mehrere E-Mail-Konten mit dem iPhone abrufen oder nur eines) eine Liste Ihrer E-Mail-Konten (tippen Sie auf eines der Konten zum Öffnen), der darin enthaltenen Ordner oder der im Ordner enthaltenen Nachrichten,

z. B. der Mails in Ihrem Posteingang. Tippen Sie einen Ordner an, um ihn zu öffnen, bzw. benutzen Sie den blauen Pfeil oben links auf dem Bildschirm, um zur Liste der Ordner/Konten zurückzugelangen.

Nicht alle E-Mail-Server unterstützen Ordner auf dem iPhone – doch wenn Sie ein Exchange/MobileMe-Konto (4.2) benutzen, haben Sie in jedem Fall eine Ordnerstruktur verfügbar. Mehr zum Arbeiten mit Ordnern und Erstellen einer Ordnerstruktur finden Sie in unserem Buch „Zeitmanagement mit Microsoft Office Outlook" (Softlink 023).

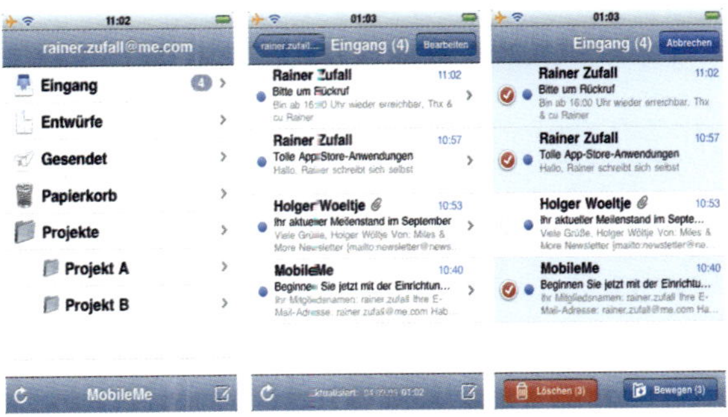

Löschen und Verschieben von Mails

Tippen Sie auf eine E-Mail, um sie zu öffnen. Tippen Sie danach auf das Ordner-Symbol in der Statuszeile, um die E-Mail in einen Ordner auf dem Server zu verschieben, oder auf das Papierkorb-Symbol in der Statuszeile zum Löschen der Nachricht. Um mehrere E-Mails auf einmal zu löschen/in den gleichen Ordner zu verschieben, tippen Sie in der Nachrichtenliste (mehrere E-Mails untereinander) auf die *Bearbeiten*-Schaltfläche (oben rechts), danach auf den kleinen Kreis vor der jeweiligen E-Mail, um sie zu markieren und zum Abschluss auf die

Schaltfläche *Löschen* bzw. *Bewegen* (oder oben rechts auf *Abbrechen*, falls Sie sich umentscheiden).

Gelesen-/Ungelesen-Status
Alle ungelesenen Mails in Ihrem Posteingang haben einen blauen Punkt links neben der Nachricht, bis Sie sie geöffnet haben. Um sich zu merken, dass Sie diese E-Mail später noch einmal ansehen müssen, können Sie nach dem Öffnen der E-Mail auch einfach rechts neben dem Betreff auf den Befehl *Markieren* (vorher ggf. auf Details neben dem Absender) tippen, um den blauen „Ungelesen"-Punkt für eine bereits gelesene E-Mail wieder zu setzen.

Anzeige optimieren
Der Platz auf dem iPhone ist begrenzt. Entscheiden Sie sich, ob Sie lieber mehr scrollen und bereits in der Listenansicht der Mails mehrere Textzeilen sehen möchten oder mehr Nachrichten auf einmal pro Bildschirmseite und damit nur die ersten beiden Zeilen, den Absender sowie den Betreff angezeigt haben möchten. Öffnen Sie zum Ändern der Anzeige das Programm *Einstellungen* und wählen Sie im Untermenü *Mail, Kontakte, Kalender,* im Bereich *Mail* für die Option *Vorschau* die gewünschte Anzahl der in der Listenansicht auf dem iPhone gezeigten Textzeilen aus.

Lassen Sie sich nicht von jeder neuen Mail ablenken, sondern sehen Sie Ihre neuen Nachrichten im Block und in Wartezeiten durch. Löschen Sie sofort so viel wie möglich. Was Sie mit einem kurzen Anruf oder einer Drei-Zeilen-Mail ohne viel Tipp-Aufwand beantworten können, beantworten Sie sofort vom iPhone aus und minimieren so die spätere Arbeit – den Rest erledigen Sie im Ruhe am PC/Mac.

4.3 Wie Sie weltweit schnell, einfach und bezahlbar ins Netz kommen

Das iPhone ist im Ausland besonders praktisch, weil Sie mit ihm z. B. Wörterbuch, Restaurant-/Hotelfinder und Navigationssystem mit Satellitenbildern (Softlink 029) griffbereit haben. Doch nach der Rückkehr nach Deutschland ist schon so mancher vorher begeisterter iPhone-Besitzer von der Rechnung entsetzt gewesen: Für ein paar (per automatischer Push-Funktion) empfangene E-Mails und datenintensive Aufrufe einzelner Websites wie z. B. YouTube, Einkäufe im AppStore und Lieder-Downloads bei iTunes können nach ein paar Tagen normaler Nutzung bis zu vierstellige Beträge für das übertragene Datenvolumen anfallen – selbst wenn Sie eine Datenflatrate gebucht haben (diese gilt im Ausland nicht). Verzichten Sie unterwegs daher lieber auf das Versenden größerer Dateien, den Empfang großer Anhänge, das Ansehen von YouTube-Videos, Satellitenbildern von Google Maps und insbesondere iTunes-Downloads sowie Updates Ihrer Programme aus dem AppStore.

Informieren Sie sich bei Auslandsreisen vorher bei Ihrem Mobilfunkanbieter bzw. dem Verantwortlichen in Ihrer Firma über die Kosten für das mobile Internet und schalten Sie es im Zweifelsfall lieber aus, wenn Sie unterwegs darauf verzichten können: Öffnen Sie das Programm *Einstellungen* und deaktivieren Sie im Menü *Allgemein* im Untermenü *Netzwerk* die Option *Daten-Roaming* (weißes „o" statt blauem „I" einstellen, um teure Internetverbindungen über fremde Mobilfunknetze zu deaktivieren).

Kostengünstig ins Internet

Über Hotspots können Sie im Ausland zu klar kalkulierbaren Preisen (relativ hohe Geschwindigkeit und Festpreise pro Stunde/Tag) ihre E-Mails und benötigten Websites abrufen. Je nach Land finden Sie häufig auch freie Hotspots ohne Benutzungsgebühr. Mehr dazu finden Sie aktuell unter Softlink 024.

Wenn Sie z. B. in Österreich oder Großbritannien einen T-Mobile-Hotspot sehen und sich mit Ihrer deutschen T-Mobile-Hotspot-Flatrate-Kennung einloggen, zahlen Sie trotz Flatrate eine zeitabhängige Auslands-Nutzungsgebühr.

Informieren Sie sich vor Auslandsreisen über die Kosten für den mobilen Internetzugang. Wenn Sie das Internet intensiv nutzen, ist es am einfachsten und schnellsten, bei Ihrer Hotelbuchung auf einen kostenfreien Internetzugang zu achten, sofern Sie mehrere Hotels zur Auswahl haben (hier hilft TripAdvisor, siehe Softlink 025) – das kann durchaus einen Preisvorteil von 25 Euro und mehr pro Tag bedeuten.

4.4 Die wichtigsten zeitsparenden Mobil-Websites

Das iPhone hat einen sehr guten Webbrowser, der die meisten Websites anzeigen kann. Manche Seiten funktionieren auf dem iPhone jedoch nicht oder haben lange Ladezeiten bzw. verursachen aufgrund hohen Datenvolumens enorme Kosten im Ausland (4.3), wenn Sie keinen kostenfreien Hotspot zur Verfügung haben. Im Folgenden haben wir Ihnen unsere Top-10-Mobil-Websites (Stand: August 2009, aktuell Softlink 028) zusammengestellt, die auch auf dem kleinen Display des iPhone gut zu lesen sind und dank geringen Datenvolumens schnell laden.

Hotelsuche und -buchung: *mobil.hrs.de*

Flugplan, -buchung, Check-In und iPhone als elektronische Bordkarte der Lufthansa: *mobil.lufthansa.de*

Bahn-Fahrplan, Buchung und Handyticket per iPhone: *mobile.bahn.de*

Währungsrechner (sowie lokales Kinoprogramm usw.): *google.de* (z. B. „100 USD in EUR“ eingeben, genauere Anleitung: Softlink 026).

Ein praktisches Wörterbuch (Deutsch-Englisch/Spanisch/Italienisch/Französisch): *pda.leo.org*

Wetter- und Pollenvorhersage: *pda.wetteronline.de*, *wap.sueddeutsche.de* oder *mobil.welt.de*

Aktuelle Nachrichten: *m.faz.net*, *wap.sueddeutsche.de* und *mobil.welt.de*

Kinoprogramm & Kurzinfos zu aktuellen Filmen: *handheld.kino.de* und *wap.cinema.de*

Telefonauskunft: *pda.das-oertliche.de* oder *mobil.gelbeseiten.de*

Suche nach freien Parkplätzen (in Großstädten, nur für ADAC-Mitglieder): *pda.adac.de*

Mit diesen Mobil-Websites haben Sie aktuelle, zeitsparende Infos immer dabei. Speichern Sie die für Sie relevanten Seiten zum schnellen Öffnen als Lesezeichen (Softlink 027) im Browser. Unter Softlink 028 halten wir die Liste für Sie stets aktuell.

4.5 Das iPhone als mobiles CRM-System – der SalesManager

Wie Sie das iPhone zum CRM-System machen, zeigt der SalesManager (Softlink 101). Ein Customer-Relationship-Programm (Kunden-Kontakt-Management) geht weit über die reine Adress- und Terminverwaltung eines Personal Information Managements, wie es mit Adressbuch und Kalender des iPhone erworben wird, hinaus – es verbindet diese Daten zusätzlich mit Personen und Firmen. Anstatt nur einzelne Adressen für einzelne Personen zu verwalten, bildet ein CRM-System auch Firmen, Abteilungen, Mitarbeiter und Adressen ab und verbindet diese mit anderen Informationen. So haben Sie schnell alle für einen bestimmten Kunden noch zu erledigenden Aufgaben und vereinbarten Termine auf einen Blick parat, sobald er Sie anruft.

Gesprächsnotizen und spontane Ideen nach einem Treffen ordnen Sie direkt einem Kunden zu. Auch die mit Kunden ausgetauschten E-Mails sind in der Kontakthistorie verfügbar. Der SalesManager speichert die Daten dabei so, dass auch Kolleginnen und Kollegen (sofern man ihnen die erforderlichen Rechte erteilt) auf Ihre mit Kunden verknüpften Gesprächsnotizen, Termine und Aufgaben zugreifen können.

Der große Vorteil des SalesManagers ist insbesonders seine Flexibilität, da die Eingabe- und Abfragemasken schnell individuell angepasst werden können. So hilft das iPhone, auch bei umfangreichen Datenbanken alle kundenrelevanten Infos sofort zu sehen – ob es nun

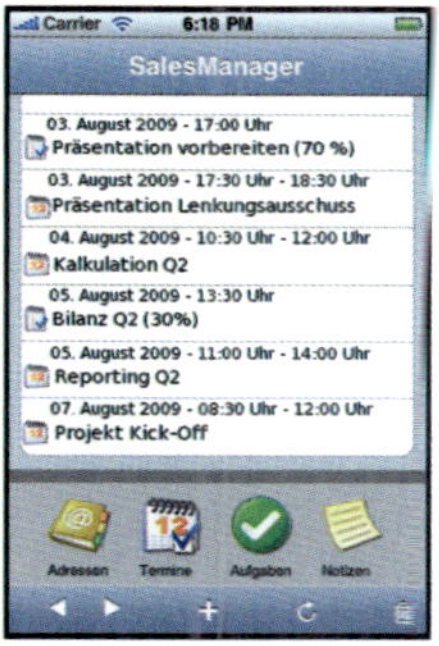

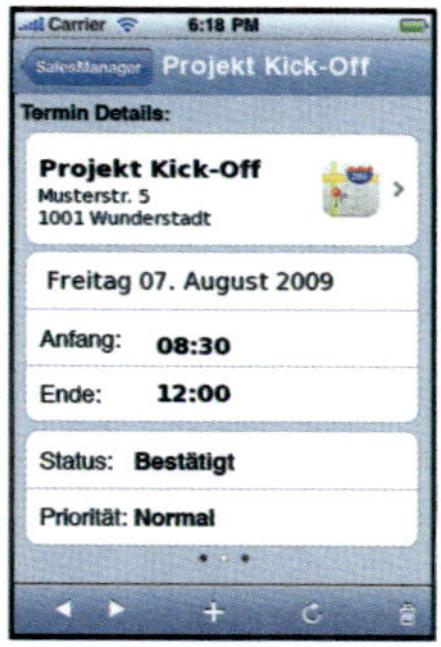

um eine Fehler- und Systembeschreibung für den IT-Service vor Ort, technische Hintergrundinfos für den Wartungsauftrag einer Maschine oder bisherige Umsätze sowie detaillierte Kundenanforderungen zur besseren Vorbereitung der nächsten Vertragsverhandlung geht.

Entdecken Sie das iPhone – ob als Schnellzugriff für Ihr großes CRM-System über den SalesManager oder einfaches mobiles Mail-System, machen Sie sich mit den Möglichkeiten des Geräts vertraut und denken Sie auch als Privatanwender darüber nach, ob sich ein MobileMe- oder Exchange-Konto für das bequeme Verwalten Ihrer Daten inklusive ständiger automatischer Synchronisation zwischen iPhone und Mac/PC für Sie lohnt.

5. Smarte Anwendungen, die das iPhone noch produktiver machen

Das iPhone ist universell erweiterbar – Programme, die nicht mitgeliefert werden, können Sie nachträglich installieren und es damit an Ihren persönlichen Bedarf anpassen. Öffnen Sie einfach direkt auf dem iPhone die App-Store-Anwendung bzw. auf Ihrem PC/Mac iTunes und dort den Bereich AppStore, um Programme zu suchen, deren Funktionen anzusehen und sie zu installieren. Wir haben für Sie die wichtigsten Tools aus der Programmfülle herausgesucht.

Softlinks
Manche Programme ändern im Laufe der Zeit mit der Weiterentwicklung des Programms ihren Namen, sodass Sie sie später anhand des alten Namens nicht mehr wiederfinden. Andere haben einen Namen, der mehrfach im AppStore mit ähnlicher oder sogar mehrfach exakt gleicher Schreibweise vorkommt (z. B. ToDo, Todo, todo, To Do's, Here I am). Und wieder andere funktionieren gut und zuverlässig, doch ein paar Monate später werden sie plötzlich nicht mehr erweitert, neue Versionen sind längere Zeit fehlerhaft und stürzen ab oder es gibt inzwischen deutlich bessere bzw. preisgünstigere Alternativen für den gleichen Einsatzzweck. Damit Sie von all diesen Problemen verschont bleiben, haben wir für Sie die Softlinks angelegt, z. B. „Softlink 007". Öffnen Sie für die Softlinks einfach die Seite ***www.zeit-im-griff.de/iphone-link*** und wählen Sie dort die entsprechende Nummer mit einem Klick aus. So landen Sie immer auf dem aktuellen Programm im App Store, auch bei Namensänderungen nach Drucklegung dieses Buches, bei vielen Anwendungen mit sehr ähnlichem Namen und bei inzwischen besseren Alternativen.

5.1 Die besten Tools … zum effizienteren Arbeiten + Organisieren

Ihr iPhone wird mit den richtigen Zusatzprogrammen noch nützlicher für Ihre alltägliche Arbeit sowie Urlaubs- und Projektpläne:

Tools zum Aufgaben-Management/für To-do-Listen
Haben wir bereits in Kapitel 3.3 – 3.6 besprochen (Seite 42-51).

Urlaubsplan (Softlink 031)
Sie sehen die **Feiertage** (bundeslandspezifisch) sowie Ihren **Urlaub** in einer übersichtlichen Halbjahresansicht. Mit den Symbolen und Farben können Sie das Tool auch gut als **Projektplaner** einsetzen. Achtung: Keine Synchronisation mit dem iPhone-Kalender.

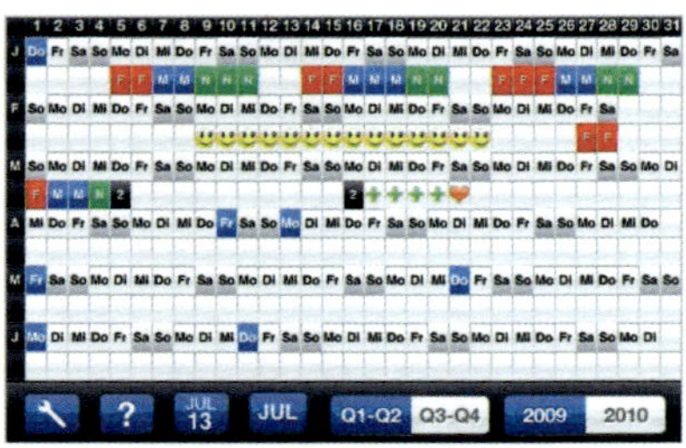

Office-Dateien: Documents To Go und Quickoffice (Softlink 032)
Mit dem iPhone jederzeit und überall Word- und Excel-Dokumente nicht nur ansehen, sondern auch bearbeiten zu können, spart Ihnen eine Menge Zeit. Wenn Sie nur einen Satz oder eine Überschrift ändern

oder an beliebiger Stelle ein paar Zeilen bzw. Zahlen einfügen möchten, können Sie das jetzt mobil mit dem iPhone erledigen und die neue Datei direkt per E-Mail an Kolleginnen und Geschäftspartner senden.

Pocket Informant (Softlink 033)

Wenn Ihnen der iPhone-Kalender (siehe Kapitel 2.1) nicht ausreicht, ersetzt ihn Pocket Informant und rüstet viele praktische Funktionen nach: vom Aufgabenmanagement über verschiedene Filter und Farben bis hin zur Wochenansicht. Über farbige Balken sehen Sie auch in der Monatsansicht jederzeit, ob der ganze Tag mit einem Kongress belegt ist, voller Einzeltermine ist oder bisher nur eine kurze Telefonkonferenz ansteht.

Kalenderwoche (Softlink 034)

Das iPhone kennt keine Kalenderwochen, doch dafür hilft Ihnen dieses kostenlose Tool bei Ihrer Planung.

Merlin Projektmanagement (Softlink 035)

Mobiles Projektmanagement – diese Software gleicht mit Merlin, der führenden Projektmanagementsoftware für Mac OS, die Daten ab. Eine Webversion von Merlin ist ebenfalls vorhanden, außerdem kann die Software Daten aus Microsoft Project lesen.

Stundenplan (Softlink 036)
Praktisch für Lehrer, Schüler, Studenten und Eltern, die die Stundenpläne ihrer Kinder immer dabei haben möchten – verwaltet auch mehrere Pläne auf einmal.

Unsere Top-5-Liste für effektives Arbeiten, Planen und Organisieren mit dem iPhone sowie die Liste der besten Aufgabentools halten wir für Sie stets aktuell unter Softlink 030 im Internet bereit. Schauen Sie dort ca. einmal im Quartal nach interessanten Neuerungen in diesem Bereich!

5.2 … für zeitsparendes Reisemanagement

Statt viele Dokumente mit sich herumzuschleppen oder lange nach wichtigen Infos zu suchen, haben Sie mit dem iPhone immer alles direkt in der Tasche griffbereit parat. Mit diesen Tools nutzen Sie es als Wörterbuch, Fahrplan und elektronische Bordkarte der Lufthansa!

Fahrplan/Zuginfo (Softlink 041)
Zuginfo speichert Ihre Verbindungen bei Bedarf für die Offline-Verwendung zwischen, sodass Sie selbst auf Strecken mit schlechtem/keinem Mobilfunkempfang Ihren Fahrplan vor sich haben. Zusätzlich zeigt es

Preisinfos für Verbindungen der Deutschen Bahn an. **Fahrplan** kennt zwar nicht die Preise, dafür aber auch die Busfahrpläne vieler deutscher Städte.

Lufthansa Launcher (Softlink 042)
Diese kleine Anwendung bringt Sie mit einem Tippen direkt auf die entsprechenden Seiten der Lufthansa. Sie hilft Ihnen z. B. beim elektronischen Check-In und dabei, das iPhone als mobile Bordkarte zu nutzen. Das geht zwar auch ohne Zusatzsoftware – mit diesem kostenlosen Programm ist es jedoch einfacher, schneller und mit einem hübschen Icon verziert.

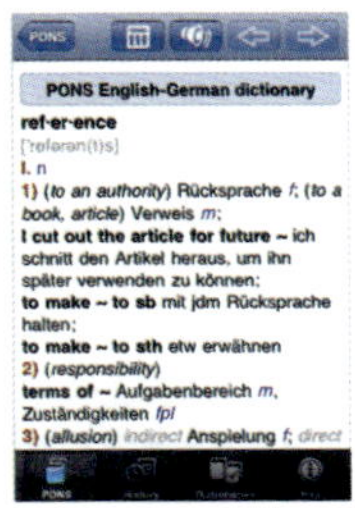

PONS-Wörterbuch (Softlink 043)
Macht das iPhone zum professionellen Wörterbuch, das u. a. 20.000 vertonte Einträge jeweils für Deutsch und English enthält (weitere Sprachen z. B. Französisch, Italienisch und Spanisch). Das Programm ist schneller als eine Wörterbuchwebsite zu öffnen, funktioniert auch ohne Internetverbindung (z. B. im Flieger) und spart Ihnen teure Internetverbindungsgebühren im Ausland (siehe Kapitel 4.3).

WorldMate Gold (Softlink 044)
Hilft, Reisepläne inklusive Hotelbuchungen übersichtlich im Blick zu behalten. Wenn Sie weltweit unterwegs sind, werden Sie die Infos über Flugverspätungen-/Annulierungen und alternative Flüge zu schätzen wissen.

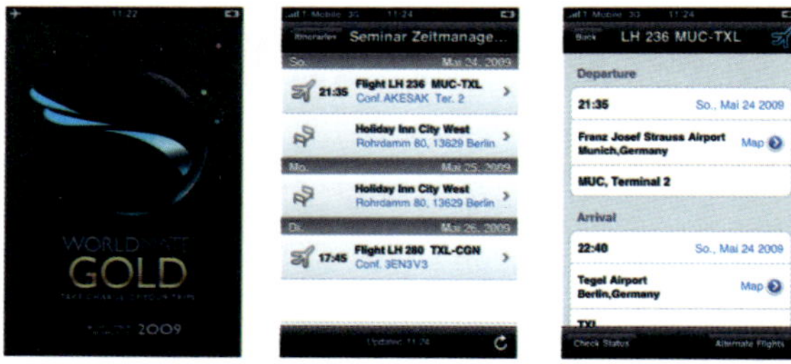

Here I am (Softlink 045)
Sucht mittels der Ortungsfunktionen im iPhone Ihre aktuelle Positionen und sendet diese mit einem vorgefertigten E-Mail-Text an Freunde oder Geschäftspartner, die mit einem Link Ihre Position in Google Maps öffnen können.

Bitte fallen Sie nicht auf unnötigen und teilweise sogar kostenpflichtigen Ballast wie z. B. diverse Mc-Donalds-Finder-Anwendungen herein – das iPhone hat bereits ein Verzeichnis sämtlicher Mc-Donalds-, Starbucks-, Maredo- und weiterer Filialen berühmter Restaurantketten kostenfrei an Bord – inkl. Routenplaner mit Ermittlung Ihres aktuellen Standorts und Satellitenbild des Umkreises, auf dem alle gefundenen Restaurants angezeigt werden. Starten Sie einfach die Kartenanwendung und suchen Sie nach dem gewünschten Firmennamen (mehr dazu unter Softlink 029).

5.3 ... für Finanzen, Fitness und Städteinfos

Mit den folgenden Programmen nutzen Sie das iPhone für die mobile Kontostandsabfrage sowie für Ihre Work-Life-Balance als Fitnesstool und Städteguide mit Insider-Tipps.

S-Banking (Softlink 051)
Weit mehr als nur Kontostandsabfragen: Homebanking auf dem iPhone mit StarMoney mobile. So haben Sie auch unterwegs Ihre Einnahmen und Ausgaben im Blick und können ohne Mac/PC Überweisungen in Auftrag geben.

Post mobil (Softlink 052)
Findet für Sie die nächstgelegenen Postfilialen inkl. Öffnungszeiten, Briefkästen mit Leerungszeiten und Packstationen zum Paketversand rund um die Uhr. Mit Handyporto haben Sie in 30 Sekunden Karten und Briefe frankiert. Manch einer wertet die Anwendung im App Store ab, weil das 40 Cent mehr kostet als eine Briefmarke – doch wenn Sie von unterwegs eine Karte schreiben möchten und kein Automat/Schalter in der Nähe ist oder Sie sich einfach nur 15 Minuten Schlangestehen sparen, ist das die 40 Cent mehr als wert.

OffMaps (Softlink 053)
Um hohe Internetkosten im Ausland zu vermeiden (siehe 4.3), laden Sie am HotSpot oder vor der Reise die gewünschten Karten von OpenStreetMap, die sie danach auch offline benutzen können (mit der vorinstallierten Kartenanwendung des iPhone geht das

nicht). Ein iPhone mit OffMaps ersetzt noch lange kein vollwertiges Navigationssystem fürs Auto, aber es eignet sich schon recht gut, um sich in vielen Städten zu Fuß zurecht zu finden.

Fitness-Plan (Softlink 054)
Egal ob Stretching am Morgen, Bürogymnastik gegen Verspannungen vom vielen Sitzen am Nachmittag oder Fitness-Studio am Abend: Dieses Programm hilft Ihnen, kleine Trainingseinheiten zu planen und den inneren Schweinehund zu überwinden. Tipp: Verabreden Sie mit einem Freund oder Kollegen, dass Sie sich gegenseitig zum Erreichen Ihrer Ziele kontrollieren und motivieren!

Geldautomaten in der Nähe (Softlink 055)
Mit diesem Tool finden Sie in Deutschland schnell den nächsten Geldautomaten Ihrer Bank – ohne lange zu suchen oder Gebühren für das Abheben an Automaten von Fremdbanken zahlen zu müssen.

Marco Polo Cityguides (Softlink 056)
Die passenden Insider-Restaurant-Tipps, Empfehlungen zur Abendunterhaltung, Infos zu Sehenswürdigkeiten und mehr bieten die für über 40 Städte in Europa erhältlichen Cityguides von Marco Polo – im Ausland auch ohne teure Internetverbindung (siehe Kapitel 4.3).

Auch unsere Programm-Empfehlungen für zeitsparendes Reisemanagement, Finanzübersicht, Fitness-Helfer und Städteinfos halten wir für Sie stets aktuell im Internet bereit: Softlink 050.

5.4 … für Spaß und zum Relaxen unterwegs

Ein bisschen Spaß muss sein: So vertreiben Sie schlechte Laune auf dem iPhone, schärfen Ihre grauen Zellen, überleben todlangweilige Meetings und finden beim nächsten Hören endlich diesen Song, den Sie schon seit zwei Jahren suchen und ihn seitdem für Ihre iTunes-Sammlung kaufen und herunterladen wollen.

iSudoku (Softlink 061)
Der Klassiker jetzt auch auf dem iPhone.

ToyBot Diaries (Softlink 062)
Ein liebevoll gemachtes Geschicklichkeitsspiel.

Enigmo (Softlink 063)
Wasser, Öl und Lava fallen von der Decke und durch geschicktes Platzieren und Drehen verschiedener Hilfsmittel gilt es, diese sicher an ihr Ziel fließen zu lassen.

Topple (Softlink 064)
Ein bisschen wie Tetris – nur dass die Steine schlecht gelaunt sind, wenn der Turm wackelt. Durch Seitneigung des iPhone und strategisches Ausnutzen der Hebelwirkung bestimmter Steine halten Sie die Balance…

Shazam (Softlink 065)
Sie hören irgendwo ein interessantes Musikstück – lassen Sie das iPhone ein paar Sekunden zuhören und es

liefert Ihnen Titel, Interpret und Album. Mit Live-Musik oder nachgesungenen Versuchen klappt das zwar nicht – funktioniert dafür aber selbst dann, wenn Sie ein seltenes von CD eingespieltes Instrumentalstück bei einer Salsa-Tanzvorführung mit Ihrer Digitalkamera aufgenommen haben, das Video auf dem MacBook wiedergeben und das iPhone davor halten...

Spielen Sie bitte nicht jede unsinnige Anwendung auf das iPhone, sonst kommt es schnell zu Problemen – suchen Sie sich die besten Programme für Ihren Bedarf heraus.

5.5 Wenn das iPhone streikt: Reset/hängende Programme

Das iPhone läuft normalerweise recht stabil – doch mit jedem zusätzlich installierten Programm erhöht sich das Absturzrisiko. Wir zeigen Ihnen zum Abschluss, was Sie tun können, wenn das iPhone streikt.

Einfacher Reset und Ausschalten
Drücken Sie die Home-Taste, um ein anderes Programm auszuführen. Wenn das nicht hilft: Drücken und halten Sie die Home-Taste für mindestens sechs Sekunden, um die aktive Anwendung zu beenden. Falls das iPhone auch jetzt nicht reagiert, halten Sie den Ein-/Aus-Schalter so lange gedrückt, bis ein roter Schieberegler zum Ausschalten erscheint. Schalten Sie damit das iPhone aus und halten Sie den Ein-/Aus-Schalter gedrückt, bis es wieder startet (ein kleines Symbol erscheint in der Bildschirmmitte). Wenn es selbst jetzt

nicht reagiert: Halten Sie beide Tasten mindestens zehn Sekunden lang gedrückt, bis das Apple-Logo erscheint.

Wenn nichts mehr geht
Bewahren Sie zuerst einmal Ruhe – meist ist in diesem Fall einfach nur der Akku des iPhone leer. Wenn Sie noch das leere Batterie-Symbol sehen, haben Sie bereits die Erklärung. Wenn das iPhone nur noch einen schwarzen Bildschirm und keinerlei Reaktion zeigt, ist mit etwas Glück ebenfalls nur ein zu weit entladener Akku Schuld daran. Laden Sie das iPhone mit dem Netzteil bzw. über das USB-Kabel an einem Mac/PC auf. Wenn es nach ein paar Minuten noch immer kein Bild (Ladeanzeige) gezeigt hat, verwenden Sie eine andere Steckdose bzw. einen anderen USB-Port am Computer.
Wenn ein leerer Akku nicht die Ursache war oder Sie noch einen eingeschalteten Bildschirm sehen, das iPhone aber auf keinen anderen Reset mehr reagiert, hilft ein kompletter Reset auf Werkseinstellung mit Löschen aller Daten (sollte selbst das nicht funktionieren, ist das Gerät wahrscheinlich defekt. Wenden Sie sich dann bitte an den Kundensupport von Apple). Nach diesem Reset müssen Sie das iPhone erneut über iTunes aktivieren, bevor Sie es verwenden können.

Zurücksetzen auf Werkseinstellung – löscht alle Daten
Schalten Sie das iPhone ein, wenn es nicht bereits eingeschaltet ist. Halten Sie den Ein-/Aus-Schalter gedrückt, bis der rote Schiebeschalter erscheint. Benutzen Sie ihn und warten Sie, bis das iPhone ausgeschaltet ist (ein schwarzer Kreis in der Bildschirmmitte bewegt

sich, danach wird der Bildschirm ganz schwarz). Halten Sie die Home-Taste gedrückt und schließen Sie das iPhone per Kabel an einen PC/Mac mit iTunes an, während Sie die Taste weiter gedrückt halten, bis das Symbol zum Verbinden mit iTunes erscheint.

> Vorsicht! Probieren Sie diesen Reset nicht aus Spaß aus. Er löscht alle vorhandenen Daten. Wenn Sie über eine iTunes-Sicherung verfügen, können Sie Ihr iPhone danach aber auf den letzten gesicherten Stand wiederherstellen.

Denken Sie daran: Auch das iPhone kann mit Datenverlust abstürzen, einen Defekt erleiden und mitsamt aller Daten gestohlen werden oder verloren gehen. Sichern Sie daher regelmäßig Ihre Daten. Wenn Sie keinen Push-Service (siehe Seite 56) nutzen, synchronisieren Sie unbedingt regelmäßig mit iTunes. Bitte denken Sie auch an die Daten, die nicht per Push-Service übermittelt werden: Synchronisieren Sie z. B. neue Fotos per iTunes und Kabel. Und auch Ihr Mac kann einen Festplattendefekt erleiden oder gestohlen werden: Sichern Sie besonders wichtige Daten daher noch einmal separat z. B. auf einer separat aufbewahrten externen Festplatte oder bei speziellen Dienstleistern wie mozy.com (Softlink 075) im Internet.

Weiterführende Literatur

- Damaschke, Giesbert: **iPhone 3GS**. Telefon, Musik, Video, Internet, GPS. München: Markt+Technik, 2010
- Krimmer, Michael und Ochsenkühn, Simone: **Mein iPhone & ich.** Obergriesbach: Amac-Buch, 2009
- Seiwert, Lothar: **Das Bumerang-Prinzip: Mehr Zeit fürs Glück**. Life-Balance: Gesünder, erfolgreicher und zufriedener leben. 3. Aufl. München: DTV, 2008 *(www.bumerang-prinzip.de)*
- Seiwert, Lothar: **Das neue 1x1 des Zeitmanagement**. Zeit im Griff, Ziele in Balance. 31. Aufl. München: Gräfe und Unzer, 2009 *(www.seiwert.de)*
- Seiwert, Lothar: **Wenn du es eilig hast, gehe langsam**. Mehr Zeit in einer beschleunigten Welt. 14. Aufl. Frankfurt und New York: Campus, 2009
- Seiwert, Lothar und Wöltje, Holger: **30 Minuten Zeitmanagement mit BlackBerry**. 2. Aufl. Offenbach: Gabal, 2010
- Seiwert, Lothar, Wöltje, Holger und Obermayr, Chr.: **Zeitmanagement mit Microsoft Office Outlook.** 7. Aufl. Unterschleißheim: Microsoft Press, 2010
- Wöltje, Holger: **Outlook für die Praxis**. Incl. Internetworkshop. Offenbach: Gabal, 2006 *(www.zeit-im-griff.de)*

SEIWERT-Tipp: 1 Minute für 1 Woche in Balance. Kurzer, knapper e-Newsletter mit praktisch umsetzbarem Sofort-Nutzen (kostenlos, erscheint wöchentlich), zu abonnieren unter: *www.seiwert.de*

Follow me on **twitter:** *www.twitter.com/Seiwert* und *www.twitter.com/TimeTip*